KB156695

상어가 빛날 때

상어가 빛날 때

✳

푸른 행성의 수면 아래에서 만난 경이로운 지적 발견의 세계

율리아 슈네처 지음   오공훈 옮김

푸른숲

부모님께 이 책을 바칩니다.

차례

들어가는 말 · 11

1 수수께끼로 가득 찬 바다 · 13
해양생물학

2 상어가 빛날 때 · 33
형광 단백질

3 대단히 오래된 피조물 · 63
노화

4 돌고래의 언어 · 91
소통

5 플라스틱 행성 · 121
오염

6 카페의 상어 · 149

발견

7 심해 구름 · 177

생태계의 기원

8 해양 곤충의 세계 · 197

유전

9 물고기의 눈 · 223

인지와 착시

10 바이러스의 모든 것 · 247

진화

나오는 말 · 275

참고 문헌 · 286

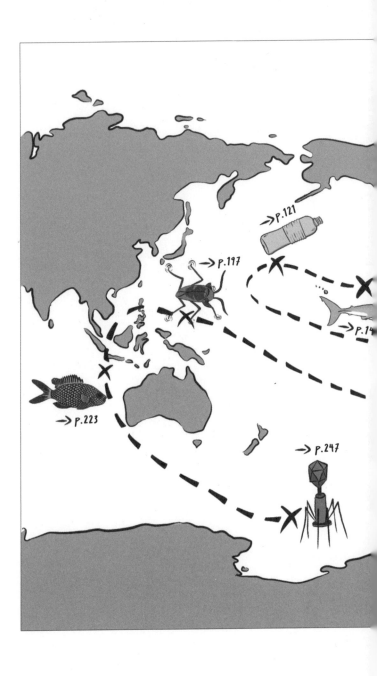

→ P.121
→ P.197
→ P.1<!--4-->
→ P.223
→ P.247

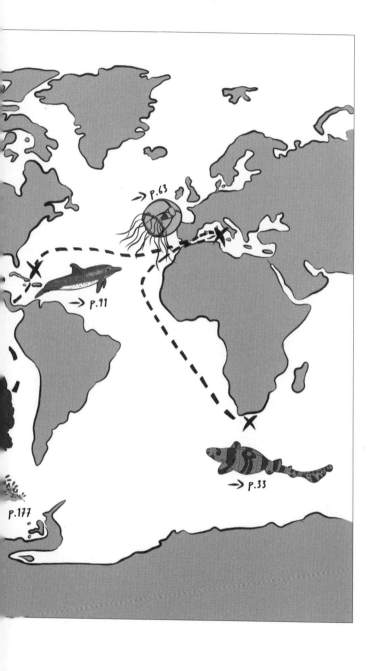

→ P.63

→ P.11

→ P.33

P.177

일러두기

- 괄호 안 내용은 지은이의 말이고, 각주는 옮긴이의 말이다.
- 생물 이름은 최초 1회에 한해 학명을 병기했다. 문맥상 필요한 경우 학명 뒤에 영어 속명을 썼다.

들어가는 말

2003년은 나에게 운명의 해다. 사랑에 빠졌기 때문이다. 열여덟 번째 생일을 맞이해 부모님은 내가 열렬히 바라던 소원을 들어주기로 하셨다. 다름 아닌 남태평양 여행이다. 나는 어릴 때부터 야자나무가 늘어선 하얀 해변, 청록빛 바다, 다채롭고 신비로운 수중 세계를 담은 사진과 책, 다큐멘터리에 매료되었다. 아마도 어린 시절 주말만 되면 산에 끌려갔기 때문에 완전히 반대되는 것을 동경했던 것 같다.

여름방학이 왔다. 나는 독일 전역에서 온 청년들과 함께 피지로 여행을 떠났다. 전기도, 수도도 없이 바다에 푹 잠긴 조그마한 외딴섬이었다. 우리는 해변에 있는 목조 오두막집에 묵었다. 그곳에서 섬사람들의 일상생활을 경험할 수 있었다. 날마다 새로운 것을 발견했다. 내가 가장 좋아했던 건 썰물시간에 민박집 문 앞에 있는 산호초를 가로질러 텔레비전에서나 보던 매혹적인 생물을 마침내 두 눈으로 똑똑히 보는 일이었다.

민박집 주인 바이는 지금까지도 내 마음속에 평온과 침착의 화신으로 남아 있다. 바이는 내 어린 시절 소원이었던 잠수를 하게 해 주었다. 나는 태어나서 처음으로 산소통을 메고 바닷속으로 들어갔다. 세상에서 가장 아름다운 산호초들이 있는 곳. 나는 무중력 상태로 산호초를 따라 둥실둥실 떠다녔다. 형형색색의 물고기가 주위를 휙 스쳐 갔고 거대한 떼를 이룬 바라쿠다가 행진하며 지나갔다. 거북이들은 내가 눈앞에 있는데도 별 신경 쓰지 않는 듯 그들답게 느긋한 태도로 이리저리 헤엄쳤다. 암초상어는 내게로 곧장 헤엄쳐 만질 수 있을 정도로 가까이 다가왔다. 암초상어는 온몸으로 우아함을 드러냈다. 물 밖으로 나가고 싶은 생각이 전혀 들지 않았다! 너무나 아름답고 색다른 수중 세계에 마음을 빼앗기고 말았다. 바로 그날, 나는 해양생물학을 공부하기로 결심했다.

그로부터 약 20년이 지난 지금까지 변한 건 아무것도 없다. 나는 여전히 바다와 사랑에 빠져 있다. 그동안 바다의 많은 비밀이 밝혀지기는 했지만 여전히 나도 그 누구도 아직 모르는 것들이 너무나 많다. 이 책을 읽는 여러분과 함께 바다의 몇 가지 비밀을 하나하나 풀어 보고 싶다. 알다시피 진정한 사랑이란 서로 나눌 때 가장 아름다운 법이니까.

1

수수께끼로 가득 찬 바다

해양생물학

해양생물학은 자연과학 중에서도 확실히 매력적인 분야다. 심지어 모든 과학 분야를 통틀어도 그럴 것이다. 구글에 해양생물학자를 검색하면 잠수 중인 사람, 잠수복을 입고 잠수 마스크를 든 채 해안가에 서 있거나 보트에 앉아 있는 사람의 사진이 나온다. 산호, 거북이, 상어를 담은 다채로운 사진도 있다. 간혹 연구실에 있는 해양생물학자의 사진이 보이기도 하지만 이 경우에도 배경에는 당연하다는 듯 수족관이 자리 잡고 있다. 이렇게 보면 해양생물학자는 꿈의 직업 같다. 이 모습들은 진짜일까? 그렇다. 해양생물학자가 하는 일은 항상 이런 식일까? 그렇지는 않다. 오히려 이런 경우는 적다고 할 수 있다.

날마다 대양이라는 경이로운 세계에 몸을 내던질 수 있는운 좋은 사람도 있겠지만 대부분의 해양생물학자는 이와 다른 일상을 보낸다. 주요 업무는 연구실과 책상에서 이루어지고, 1년에 한 번쯤 샘플이나 데이터를 수집하기 위해 배를 타고 나가거나 해안을 탐험한다. 운이 좋으면 낙원처럼 아름다운 해변이나 야생의 기운이 가득한 북극지방에 갈 수도 있다.

어떤 해양생물학자는 배를 타고 도착한 영구동토* 한복판에서 여러 달을 보내기도 한다. 거기서는 휴가를 가겠다는 말도 삼켜야 한다. 20시간씩 일하다 보면 하루가 쏜살같이 지나간다. 네 시간을 자고 일어나서 축축한 잠수복에 다시 몸을 억지로 욱여넣을 때면 집으로 돌아가 소파에 눕고 싶은 마음이 간절하다. 어쩌다가 혹한의 2월 갯벌에서 반쯤 얼어붙은 손가락으로 진흙탕을 파헤치는 자신을 발견하기도 한다. 꼭두새벽부터 미끼를 준비하려고 고등어를 손으로 으깨는 작업이 비위에 맞지 않을 수도 있다. 무엇보다 모든 해양생물학자가 직면해야 하는 최악의 고난은 단연 뱃멀미다. 자기가 끈질긴 유형이라고 생각한다면, 앞뒤로 흔들리는 배에서 몇 시간이고 현미경을 들여다보는 작업을 한번 해 보라. 하지만 고래 떼가 꼬리지느러미를 물 밖으로 뻗어 인사하는 모습, 고래가 뿜은 물이 아침 햇살에 반짝거리며 구름을 이루는 광경을 보면 모든 고통이 금세 잊힌다.

육체노동도 빼놓을 수 없다. 해양생물학자는 자기보다 덩치가 훨씬 큰 상어를 향해 뛰어오르는 일도 마다하지 않는다. 꼬리지느러미 후려치기 기술에 당하기라도 하면 눈앞에 별이 보인다. 샘플을 채취하다가 불 산호에 손을 데는 일이 다반사다. 장비를 구하기 위해 무시무시한 파도를 뚫고 수영하기도 한다. 성게의 가시는 말할 것도 없다. 이런 일들은 해양생물학자가 겪는 모험의 일부에 불과하다. 데이터를 얻기 위해서라면 이 모든 위험을 감수해야 한다!

일단 자료를 수집하고 나면 컴퓨터에 입력하는 데 몇 주가 걸린다. 통계 결과를 살펴야 하고 실험이 왜 생각대로 진행되지 않는지 곰곰이 따져 보아야 한다. 그런 다음에는 공포의 순간이 들이닥친다. 이 모든 내용을 어떻게든 요약해 논문으로 작성해야 한다. 책상에 앉아 일하느라 요통 진단을 받는 것 또한 과학자들 사이에서 널리 퍼진 고충이다.

이처럼 해양생물학자의 삶은 여름, 태양, 바다뿐 아니라 힘든 일로도 가득하다. 가끔 어처구니없는 일도 있지만 나를

• 지층의 온도가 연중 섭씨 0도 이하로 항상 얼어 있는 땅. 전체 육지 면적의 20~25퍼센트를 차지하며 한대기후에 해당하는 남북 양극 권내, 시베리아, 알래스카, 그린란드, 캐나다의 일부 지역에서 볼 수 있다.

비롯해 이 직업을 선택한 이들은 열정, 즐거움, 헌신으로 일에 임한다. 이 일은 과학 분야를 넘어서 인류에게 가치 있는 일이다. 해양생물학자의 헌신이 없다면 육지에 사는 이들은 바다가 인간에게 얼마나 중요하고 꼭 필요한지 전혀 알 수 없기 때문이다. 지면이라 불리는 지구 표면은 역설적이게도 70퍼센트가 물로 이루어져 있고 대부분이 바닷물이다. 바다는 지구 표면의 약 3분의 2에 걸쳐 분포할 만큼 넓고 평균 수심이 4000미터에 이를 만큼 아주 깊다. 그리하여 해양은 지구 생활권의 99퍼센트를 차지한다. 지구에서 가장 큰 생태계가 바다에 존재하는 것이다.

✳

해양생태계는 심해, 공해公海*, 해저, 연안, 얕은 물, 맑은 물, 따뜻한 물, 차가운 물 등 수없이 다양한 생활권으로 이루어져 있다. 바다의 특성에 따라 독자적인 생태계가 형성되며 박테리아, 바이러스, 조류藻類**, 식물, 해양 동물, 새, 파충류, 포유류 등 엄청나게 다양한 생물이 환경에 적응한다. 모든 개별 생태계는 물길로 서로 연결 되어 있다. 해양ocean이라는 명칭이 '땅을 에워싼 물의 흐름'이라는 뜻의 고대 그리스어 'ōkeanós'에서 유래된 것을 보아 고대 그리스인은 이 사실을 이미 알고 있었음을 알 수 있다. 바다에서 수백 킬로미터 떨어진 곳에 사는 우리 또한 바다와 연결되어 있다.

바다, 더 정확히 말하면 바다에 사는 조류와 박테리아는 우리가 살아가는 데 필요한 산소의 근원이다. 또 바다는 적도에서 극지방으로 열을 운반하면서 우리가 사는 곳의 날씨와 기후를 조절한다. 만약 멕시코만류•••가 흐르지 않는다면 유럽에 사는 사람들은 엉덩이가 얼어붙었을 것이다. 이처럼 지구에서 가장 커다랗고 중요한 이산화탄소 저장소인 바다는 경제적으로도 매우 중요하다. 무역로 기능을 하며 다양한 분야에서 일자리를 창출해 수백만 명을 먹여 살리기 때문이다. 실제로 바다는 30억 인구의 생활 기반을 마련해 주는 것으로 추정된다. 그럼에도 인간은 때때로 바다를 다소 푸대접한다. 어느덧 화성까지 날아갈 수 있는 시대가 되었건만 당장 집 문 앞에 펼

• 어느 나라의 주권에도 속하지 않으며, 모든 나라가 공통으로 사용할 수 있는 바다.

•• 물속에 살면서 엽록소로 동화작용을 한다. 뿌리, 줄기, 잎이 구별되지 않고 포자에 의하여 번식하며 꽃이 피지 않는다. 말무리라고도 부른다.

••• 북대서양의 북아메리카 연안을 따라 북쪽으로 흐르는 세계 최대의 난류. 멕시코만에서 대서양을 횡단하여 유럽 서북 해안을 따라 흘러 북극해에 이른다.

처진 바다의 밑바닥이 어떻게 생겼는지는 잘 모른다. 그러나 모든 것을 다 알지 못한다는 사실을 모른다면, 얼마나 많이 아는지는 어떻게 알 수 있겠는가?

전체 바다 가운데 인간이 탐험한 부분이 대략 5퍼센트에 불과하다는 이야기를 종종 듣는다. 이 수치는 해저 탐험 비율을 의미하는데, 해양 연구 활동에 적용되는 경우도 자주 있다. 실제로 바다의 깊이는 거의 다 측정되었다. 하지만 수심 측량의 해상도는 약 5킬로미터에 불과하다(바다의 깊이를 재는 일을 수심 측량이라고 한다). 그래픽 디테일이 형편없는 오래된 컴퓨터 게임을 떠올려 보자. 당시에는 픽셀보다 작은 구조를 표현할 수 없었기 때문에 눈에 검은 점만 달린 팩맨 이상으로 자세하게 묘사하기가 불가능했다. 위성 측정에서 '픽셀'이라 할 수 있는 기본 단위의 측면 길이는 5킬로미터다. 이보다 작은 구조는 측정이 불가능하다는 뜻이다. 이 해상도로는 커다란 해저산과 협곡 및 계곡 말고는 아무것도 감지하지 못한다. 한번 비교해 보자. 화성은 6미터 해상도로 행성 전체가 측정되었지만 해저의 경우 그 정도 고해상도 지도는 전체의 약 5퍼센트만이 존재한다. 이유는 단순하다. 해양 연구보다 우주 연구에 더 많은 예산이 투입되기 때문이다.

한편으로는 물이 방해 요소로 작용하기 때문에 해저를 측량하는 일이 훨씬 어렵다는 이유도 있다. 인공위성을 활용하면 바다의 표면과 온도는 물론, 바다의 색깔을 기반으로 조류의 함량까지 알아낼 수 있지만 유감스럽게도 더 깊은 곳을 관찰하지는 못한다. 빛과 같은 전자기파는 물속 깊이 침투할 수 없기 때문이다. 인공위성을 이용할 때는 레이더로 수면 높이차 정도만 측정할 수 있다. 해저산맥은 토양의 밀도가 더 높으므로 중력이 증가하고, 그 결과 물이 산맥 위로 모여 해수면이 상승한다. 반면 물은 해저협곡을 타고 내려가므로 해수면에서 움푹 들어간 곳이 보이면 해저 표면의 구조가 어떤지 알 수 있다. 여기서 놀라운 점은 모든 곳의 해수면 높이가 똑같지 않으며, 바다의 밑바닥이 오목하게 들어간 작은 물웅덩이로 온통 뒤덮여 있다는 사실이다. 하지만 보트를 타고 바다를 건널 때 물웅덩이의 존재를 알아차리는 경우는 없다.

해저를 고해상도로 측정할 때는 다중빔 음향측심기를 활용한다. 다중빔 음향측심기에서 방출한 부채꼴 모양의 음파는 해저에서 반사되는데, 이때 음파가 되돌아오는 시간을 재서 수심을 측정한다. 이때 해상도는 약 50미터에 이른다. 바다의 밑바닥과 훨씬 가까운 곳에서 작업하는 자율 잠수 로봇은 심지어 센티미터 단위의 해상도로 측정할 수 있다. 이 잠수 드론은 2014년 인도양에서 실종된 말레이시아 항공 MH 370편 보잉

777기 수색 작업에 투입된 적이 있다. 수색은 실패로 돌아갔지만 그동안 알려지지 않았던 사화산, 산등성이, 해구海溝*가 발견되었다. 대중은 비행기 추락이라는 비극을 통해 해양 연구의 빈틈도 알게 되었다.

자세히 말하면, 고해상도의 해저 지도는 지구 자체와 지구의 역사는 물론 미래를 이해하고 예측하는 데 엄청나게 중요한 역할을 한다. 해저의 형태를 통해 판구조론이 어떻게 작동하는지, 그리고 화산활동, 열수분출공熱水噴出孔**, 기타 다른 심해 생활권이 어디에 있는지 알 수 있다. 이 모든 것은 지진이나 해일의 위험이 있는지 판단하거나, 앞으로 천연자원이 나올지 평가하거나, 보호구역을 설정할 때 중요한 정보가 된다. 또한 해류 진행, 해양 순환, 기상 현상, 퇴적물 이동, 기후변화 같은 해양의 일반적인 특성을 더 잘 이해하는 데 도움이 된다.

한편 해저 2030 프로젝트Seabed 2030는 2030년까지 해저 전체의 표면 구조를 측량하겠다는 목표를 설정했다. 선박 한 척으로 모든 면적을 측량하려면 수백 년이 걸리기 때문에 크라우드소싱 전략을 쓰고 있다. 즉 참가자가 많을수록 그만큼 진행 속도도 빨라진다. 현재 이 프로젝트에 전 세계적으로 133명의 참가자와 협력자가 함께하고 있다. 2020년 6월, 해저 2030은 그동안 전체 면적의 약 20퍼센트에 해당하는 1450만 제곱킬로미터를 가장 현대적인 수준으로 측량해 지도로 만들었다고 보고했다. 이제 인간이 전체 바다 가운데 대략 5퍼센트만 탐험했다는 신화는 지난 역사가 되었다.

그럼에도 바다의 표면은 여전히 우리에게 놀라움을 안겨준다. 과거에는 뱃사람이 새로운 육지나 섬의 지도를 그리러 먼 길을 떠났다. 오늘날 항해하는 선원들은 과거 뱃사람의 흔적을 세계지도에서 지우는 데 기여하곤 한다. 사실 지도에는 있지만 현실에 없는 '환상의 섬'이라는 게 여전히 존재한다. 이런 일은 GPS로 자신의 위치를 정확하게 파악할 수 없었던 시대에 일어났다. 선원들이 자신의 위치를 잘못 알면서 실제로 약도에 있는 섬이 눈 깜짝할 사이에 개척지가 되었고, 항해 지도에 잘못된 위치로 기입되었다. 때때로 사람들은 단순히 명예욕을 채우기 위해 섬을 발견하려 들었지만, 낮게 드리운 구름과 환각이 종종 수평선에 가상의 해안을 나타나게 하는 마법을 부려 거기에 속아 넘어가기도 했다. 반면 실제로 존재하

• 대양 밑바닥에 좁고 길게 도랑 모양으로 움푹 들어간 곳. 북태평양 서쪽에 많이 있는데, 필리핀 해구·일본 해구가 유명하다.

•• 지하에서 뜨거운 물이 솟아 나오는 구멍. 육상과 해저에 모두 존재하며, 해저의 열수분출공은 1977년에 해저 탐사선인 앨빈Alvin호에 의하여 처음으로 발견되었다.

는 섬이 바다에 가라앉는 경우도 물론 있다.

이러한 환상의 섬 약 200개가 19세기 지도에 존재하며 심지어 이 중 일부는 21세기 지도에까지 끈질기게 남아 있다. 2012년 호주와 뉴칼레도니아 사이를 항해하는 해양 연구선 앞에 나타날 것으로 예측되었던 샌디 아일랜드는 어디에도 보이지 않았다. 연구원들은 즐거운 마음으로 자기들의 배가 실제 섬 대신 모니터에 '샌디 아일랜드'라고 표시된 픽셀을 가로지르는 광경을 보았다. 섬은 없었고 연구선만 깊은 바닷물에 둘러싸인 채였다. 그러므로 쿡 선장James cook*이 두 번째 세계 일주 항해(1772~1775)에서 발견한 샌디 아일랜드는 아마도 원래 존재하지 않았다는 결론을 내릴 수 있겠다. 멕시코만의 베르메하섬도 2009년 집중 탐사 끝에 존재하지 않는 것으로 공식 선언되었다.

✳

지리 차원뿐 아니라 바다에는 아직 발견할 것이 꽤 있다. 알려지지 않은 바다의 동식물이 매우 많다. 이에 대한 좋은 사례가 바로 **넓은주둥이상어***Megachasma pelagios*다. 이 상어는 몸길이가 7미터나 되는데도 1976년에야 발견되었다. 이름에서 먹이를

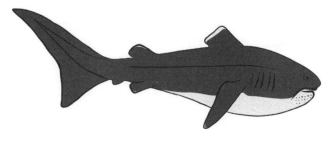

최대 7미터까지 자랄 수 있는 넓은주둥이상어는 낮 동안 꽤 깊은 물속에 머물다가 밤에만 수면으로 올라온다. 이 상어를 볼 기회가 상당히 드문 이유다.

섭취하는 방식을 알 수 있는데, **돌묵상어***Cetorhinus maximus*나 **고래상어***Rhincodon typus*처럼 넓은주둥이상어도 거대한 주둥이로 물에서 미생물을 걸러 내 섭취한다. 넓은주둥이상어는 플랑크톤보다는 크릴새우를 더 좋아한다. 오늘날까지 이 상어에 대해 우리가 아는 것은 여기까지다. 접할 기회가 매우 드물기 때문이다. 1976년부터 2018년까지 목격된 사례가 겨우 117건으로 매년 3건 미만이다. 넓은주둥이상어는 열대 및 온대 해역에 머무르는 것을 좋아하는 듯하다. 그래서 태평양과 가까운 일본, 필리핀, 대만에 사는 사람들이 넓은주둥이상어를 실제로 볼

●   영국의 탐험가(1728~1779). 하와이제도·쿡제도·소시에테제도 등을 발견했으며, 뉴질랜드와 뉴기니가 오스트레일리아와 분리된 섬인 것을 확인했다.

가장 좋은 기회를 누릴 수 있겠다. 혹시 만나더라도 걱정하지 마시길. 절대 물지 않으니까.

대왕오징어_Architeuthis dux_는 쥘 베른의 소설 《해저 2만리》에 등장해 잘 알려져 있다. 우리는 이제 대왕오징어가 뱃사람이 그럴듯하게 꾸며낸 이야기가 아니라 실제로 존재한다는 사실을 잘 안다. 해안으로 떠밀려 오거나 저인망°에 걸린 사체를 보았기 때문이다. 하지만 2012년이 되어서 살아 있는 대왕오징어가 심해에서 활동하는 모습을 보는 즐거움을 누릴 수 있었

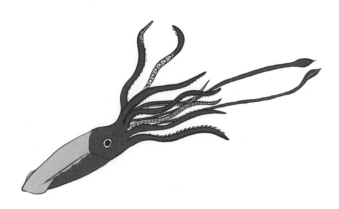

대왕오징어는 전 세계에 분포하며 수심 500~1000미터 지역에 서식하는 것으로 추정된다. 평균 크기는 머리에서 가장 긴 촉수까지 측정한 길이로 5미터에 이른다. 최대 길이가 12미터까지 보고된 경우도 있는데 그 이유는 신축성 있는 촉수 때문이다. 측정을 위해 대왕오징어를 펴고 당기면 길이가 순식간에 2배까지 늘어난다.

다. 일본 오가사와라제도 앞 수심 700미터 지점에서 드디어 이 다리가 긴 동물을 카메라로 포착했다. 숨 막히는 촬영 덕분에 길이가 약 4미터에 달하는 대왕오징어의 모습을 제대로 볼 수 있었다. 램프의 빛을 받은 대왕오징어의 피부는 은빛과 붉은 금빛으로 위엄 있게 빛났다.

오로지 밧줄에 의지해 심해로 내려간 정교한 카메라 시스템 메두사The Medusa가 대왕오징어의 장엄한 모습을 포착했다. 이 카메라는 모터로 이동하지 않기 때문에 대왕오징어에게 성가실 수 있는 소음이 없다. 또 메두사는 일반적으로 심해 탐사선의 탐조등으로 사용되는 백색광 대신 적색광을 활용한다. 대부분의 심해 생물은 적색광을 볼 수 없으므로 빛을 비춰도 달아나지 않기 때문이다. 이때 작은 LED 조명이 원형으로 배치된 '전기 해파리'가 미끼로 활용되었다. LED 조명은 차례차례 번쩍이며 **심해해파리**Stygiomedusa gigantea의 방어기제를 모방한 원 모양의 빛을 만들어 낸다. 이 해파리는 공격을 받으면 빛을 발하며 대왕오징어 같은 거대한 사냥꾼을 유인한다. 이를 모방해 전기 해파리는 스스로 사냥감이 된다. 2019년 또 다른 팀이 이 전략으로 성공을 거두었다. 멕시코만에서 또 다른 대왕

•   바다 밑바닥으로 끌고 다니면서 깊은 바닷속의 물고기를 잡는 그물,

오징어가 카메라 렌즈 앞에서 헤엄쳤다. 이때 대왕오징어는 촉수로 가짜 해파리와 카메라의 부속물을 더듬거렸다.

오늘날에도 수많은 미지의 종들이 바다 깊은 곳에 돌아다닌다. 바다에는 약 100만 종의 다양한 동식물이 있는 것으로 추정되며 그중 약 3분의 2가 발견되기를 기다리고 있다. 해양 생물 조사 프로젝트Census of Marine Life는 2000년부터 2010년까지 10년 동안 종의 다양성, 분포, 개체 수를 조사해 개요를 작성하는 것을 목표로 정했다. 이를 위해 엄청난 노력이 들어갔다. 80곳이 넘는 나라에서 온 2700명의 과학자들이 이 프로젝트에 참여했다. 이들은 조사를 수행하느라 끝없는 해안을 따라 무수한 시간을 보냈다. 아울러 배를 타는 원정이 540차례 실시되었다.

노력과 헌신은 결실을 맺었다. 1200개의 종이 새로 등재되었고, 등재될 가능성이 있는 종이 5000개 발견되었다. 이때 1리터의 바닷물에 매우 다양한 생물이 존재한다는 사실이 드러났다. 바닷물 1리터에서 최대 3만 8000가지의 박테리아를 발견할 수 있었다. 아주 놀라운 순간도 있었다. 대표적으로 5000만 년 전에 멸종된 것으로 여겨진 일종의 바닷가재 십각류인 **네오글리페아 네오칼레도니카**Neoglyphea neocaledonica의 출현을 꼽을 수 있다. 이 프로젝트를 통해 새로운 종과 생활공간을 대량으로 발견하면서 우리는 바다에 대해 아는 것이 너무나 적다는 사실을 새삼 깨달았다. 하지만 프로젝트가 끝났다고 해서 해양 생물의 개체 수 조사가 완전히 종결된 것은 아니다. 지금도 해마다 새로운 해양 생물 종이 등재된다. 2020년 4월, 심해 탐사에서 30개의 새로운 종을 발견했고, 이를 통해 기록이 갱신되었다.

아폴레미아*Apolemia*(일러스트 참고) 속에 속하는 관해파리 모양의 거대 해양 생물이 길이 46미터를 기록해 대왕고래를 제치고 세상에서 가장 긴 동물의 왕좌에 올랐다. 물론 대왕고래에게는 전혀 공정하지 않다. 왜냐하면 이 해파리는 자유롭게 헤엄치는 **관해파리목***Siphonophorae*에 속하고, 제대로 된 하나의 개체가 아니라 수천 개의 클론으로 이루어진 군체이기 때문이다. 하지만 이 해파리는 산호 군락처럼 단일체로 기능한다. 클론들은 진주 목걸이처럼 잇달아 엮인 채 물에 둥실둥실 떠다니면서 먹잇감이 촉수 안으로 헤엄쳐 들어올 때까지 기다린다.

＊

발견은 시작일 뿐이다. 특히 심해 연구는 여전히 매우 어려운 도전 과제다. 육지 피조물인 우리에게 물은 낯설다. 우리는 물 속에서 숨을 쉴 수 없기 때문에 아무리 최신 기술을 활용하더라도 아주 잠깐 동안만 심해 세계에 몸을 담글 수 있다. 빛은 물기둥의 상단 200미터까지만 침투할 수 있다. 그 아래로는 빛이 통과할 수 없어 온통 암흑이다. 게다가 수심 1미터마다 압력이 약 0.1바^{bar}·씩 증가한다. 전 세계 바다에서 수심이 약 1만 1000미터로 가장 깊은 마리아나해구의 압력은 1100바에 달한다. 이는 성인 코끼리 두 마리가 인간의 새끼발가락에 올라갔을 때의 압력과 같다. 그러므로 최첨단 기술 장비 없이 심해로 들어가면 사람은 말 그대로 '평평하게' 될 것이다. 또한 아무리 큰 배라도 공해로 나가 폭풍과 거대한 파도를 겪고 나면 여행이 어느새 모험으로 탈바꿈한다. 이런 여건 때문에 해양 연구는 시간과 돈이 많이 든다.

그럼에도 해양과학 분야에서는 많은 일이 일어나고 있다. 다음 장에서는 바다에서의 삶은 물론이고 해양과학이 얼마나 매력적이고 다양한지 알려 주고 싶다. 또한 얼핏 보면 뭔가 기이한 인상을 줄지도 모를 이야기들이 우리의 일상생활과 어떤 연관이 있는지, 우리가 이 낯선 해양생태계에 대해 얼마나 많이, 또는 얼마나 적게 알고 있는지도 보여 주고 싶다. 7대양과 그 속에 잠들어 있는 수많은 비밀 중 일부를 탐험해 보자.

•　기압의 단위.

2

상어가 빛날 때

형광 단백질

1960년대에 과학자들은 **수정해파리***Aequorea victoria* 수백 마리를 쥐어 짜내 단백질을 분리했다. 수정해파리를 빛나게 만들어 주는 원천인 이 단백질에 과학자들은 매료되었다. 이 단백질의 이름은 녹색 형광 단백질GFP, Green fluorescent protein이다. 해파리들이 이유 없이 연구실에서 죽은 것은 결코 아니다. 30년 뒤이 물질이 생물학과 의학 분야에서 혁명을 일으켰기 때문이다. 생물학 학위를 가진 사람이 녹색 형광 단백질을 모른다면 파티를 너무 많이 다녔거나 엉뚱한 강의실에 들어가 수업을 들은 게 틀림없다. 생물학을 전공하지 않은 학자라도 녹색 형광 단백질을 모른다고 하면 얼굴을 찡그릴 것이다. 이름에서 알수 있듯 녹색 형광 단백질은 특별한 성질이 있다. 바로 녹색 형광빛을 발산하는 특성이다. 청색광이나 자외선 같은 고에너지 빛을 받으면 이 단백질은 밝은 녹색으로 빛난다.

1990년대에 녹색 형광 단백질 유전자가 해독되면서 이 단백질이 다른 단백질의 기능을 방해하지 않고 아주 쉽게 삽입될 수 있다는 사실이 확인되었다. 이로써 녹색 형광 단백질을 생명공학 분야에 환상적으로 응용할 가능성이 높아졌다. 예를 들어 유전공학 기술 덕분에 녹색 형광 단백질 유전자를 의도적으로 다른 유전자에 부착할 수 있다. 조작된 유전자를 복제하면 거기에 녹색 형광 단백질이 들어 있다. 그 결과 빛나는 단백질을 얻게 된다. 게다가 현미경의 도움으로 이 특정 단백질이 세포의 어디에 어떻게 분포되어 있는지 관찰할 수 있다. 그리하여 사상 최초로 살아 있는 세포에서 특정 단백질을 의도적으로 관찰하고 이 단백질의 농도, 분포, 움직임을 파악할 수 있는 기회를 확보한 것이다. 이 단백질은 녹색을 띠기 때문에 살아서 활동하는 모습을 똑똑히 관찰할 수 있다.

이러한 원리를 세포 차원에서뿐 아니라 생물 전체에도 적용할 수 있다. 실제로 품종개량을 통해 빛을 발하는 고양이가 탄생했다. 이는 재미를 위한 게 아니다. 예를 들어 유전자 변형 고양이는 인체 면역 결핍 바이러스HIV 연구에 활용된다. HIV 저항 가능성이 있는 유전자를 녹색 형광 단백질 유전자와 함

께 고양이의 난자 세포에 이식했다. 여기서 녹색 형광 단백질
은 표지 기능을 한다. 즉 유전자가 조작된 난자 세포로부터 자
란 고양이가 자외선을 받을 때 녹색으로 빛난다면 유전자가
잘 전달되었다는 의미다.

녹색 형광 단백질은 특정 박테리아를 찾기 위한 표지로
도 자주 사용된다. 이를 위해 녹색 형광 단백질로 표지해 놓은
특수 DNA 탐침*이 만들어진다. DNA 탐침은 한 표본에 하나
삽입되며 동일한 DNA 단편이 있는 박테리아에만 결합된다.
이제 현미경과 자외선만 있으면 된다. 우리가 찾는 박테리아
세포는 이미 에메랄드색으로 빛나고 있을 테니까. 이 빛나는
DNA 탐침으로 유전자 발현도 연구할 수 있다. 이때 특정 유
전자가 활성화되었는지 불활성화되었는지 조사한다. 이 연구
는 알려지지 않은 유전자의 기능을 이해하거나 세포가 스트레
스나 질병에 어떻게 반응하는지 연구하는 데 도움이 된다.

지금까지는 녹색 형광 단백질이 연구실에서 어떻게 활용
되는지 몇 가지 예를 든 것뿐이다. 이러한 사례를 통해 녹색
형광 단백질이 최근 수십 년 동안 얼마나 중요했으며, 앞으로
도 얼마나 중요한 역할을 할 것인지 확실하게 깨달을 수 있다.

* 표적 유전자를 검출하는 용도로 쓰이는 짧은 길이의 DNA 조각.

2008년 마틴 챌피Martin Chalfie, 시모무라 오사무Shimomura Osamu, 로저 Y. 첸Roger Y. Tsien이 녹색 형광 단백질 연구로 세상을 뒤흔든 업적을 인정받아 노벨화학상을 수상한 것은 결코 놀라운 일이 아니다. 노벨생물학상은 아직 존재하지 않으니까.

덧붙이면, 녹색 형광 단백질이 꼭 녹색일 필요는 없다. 몇 가지 조그마한 유전자 변화로 녹색 형광 단백질의 색깔을 노란색과 파란색 그리고 청록색 등의 변종으로 바꿀 수 있다. 이렇게 색깔이 다양하면 단백질과 박테리아는 물론 이와 유사한 다른 것도 많이 관찰할 수 있다. 그러니까 색상이 많으면 많을수록 좋다. 오직 빨간색 형광 단백질만큼은 만들 수 없었지만 이것의 새로운 원천이 등장하자 빨간색 형광 단백질도 사용할 수 있게 되었다. 한 생물학자가 모스크바에서 열린 파티에서 자외선 조명이 설치된 해수 수족관의 유리를 뚫어지게 쳐다보다가, 자외선을 받은 말미잘과 산호가 환각을 일으키는 색깔을 발산하는 광경을 발견했다. 녹색 형광 단백질의 경우와 마찬가지로 해양 동물과 유자포동물이 새로운 형광 단백질의 근원이었다. 덕분에 빨간색, 주황색, 연보라색 형광 단백질도 사용할 수 있게 되었다.

✳

형광이란 무엇이고 자연에서 어떤 기능을 할까? 우리가 가시광선이라고 부르는 것은 인간의 눈으로 인식할 수 있는 파동형태로 된 전자기파 방사선이다. 인간이 볼 수 있는 파장의 범위는 대략 380~750나노미터다. 여기서 파장이란 한 파동과 다른 파동의 꼭대기 점 간의 거리를 의미한다. 파장이 짧을수록 더 많은 에너지가 방사선에 투입된다. 헬스클럽에서 배틀로프 운동을 하는 것과 비슷하다. 로프로 작은 파도를 여러 개 만들어 내는 것이 큰 파도를 두어 개 만드는 것보다 훨씬 힘들기 때문에, 에너지는 작은 파도를 만들 때 더 많이 투입된다. 파란빛의 파장은 약 420나노미터로 짧은 편이기 때문에 에너지가 풍부하다. 빨간빛은 스펙트럼상에서 파란빛의 반대쪽 끝에 있으며 파장은 약 750나노미터로 에너지가 빈약한 편이다.

　　고에너지 빛은 우리가 더 이상 눈으로 볼 수 없으며 이를 자외선이라고 부른다. 고에너지 빛은 여름휴가의 고통스러운 요소인 햇볕 화상의 원인이 된다. 반면 적외선의 파장은 인식하기에는 너무 길지만 이것이 피부에 닿으면 우리는 따뜻하다고 느낀다.

　　이것이 바로 형광의 원리다. 형광은 고에너지 전자기파

파장은 언덕 모양 파동의 꼭대기 점과 점 사이의 거리를 가리킨다. 가시광선의 스펙트럼은 380~750나노미터 사이에서 움직인다.

방사선, 즉 주로 파란색이나 자외선에 의해 단기간 자극을 받는 과정을 일컫는다. 이는 전자가 에너지를 취하면서 더 높은 에너지 수준으로 상승한다는 의미다. 거기서 전자는 잠깐 스스로 진동하는데 이때 에너지 일부가 소실되면서 원래 에너지 수준으로 다시 떨어진다. 원래 에너지 수준으로 떨어질 때 이전에 기록되었던 잉여 에너지는 빛으로 방출된다. 전자는 진동하면서 약간의 에너지를 잃었기 때문에 다시 떨어질 때는 처음 기록된 에너지의 양보다 훨씬 적은 양을 방출한다. 그래서 떨어질 때 방출되는 방사선은 에너지가 빈약하다. 이런 까닭으로 파장의 길이와 빛의 색깔이 변화해 이제 인간의 눈에도 보이게 된다. 하지만 이때 빛은 물체에 반사되지 않고(평소에는 색깔 있는 물체에 반사하는 과정을 거친다) 변화를 통해 궁극적으로 예전에 들어간 것보다 더 많은 가시광선을 방사하기 때문에 네온색으로 빛나는 것처럼 보인다. 사물은 대개 노란색, 주황색, 분홍색, 빨간색, 녹색, 연보라색으로 빛난다. 덧붙여 형광은 어둠 속에서만 우리 눈에 잘 보인다. 밝은 곳에서는 일광으로 인해 광채를 잃기 때문이다.

동물이나 식물이 형광을 발하는 능력을 일컬어 생체 형광이라고 한다. 생체 발광과 다른 개념이므로 혼동해서는 안 된다. 생체 발광은 유기체의 효소 및 화학 반응으로 인해 빛이 발

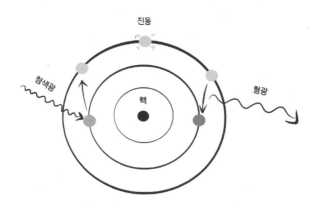

미립자 차원에서 형광의 발생 원리. 전자는 청색광하에서 더 높은 에너지 수준으로 상승하며, 잠깐의 시간이 지난 뒤에는 다시 예전의 에너지 수준으로 돌아간다. 이때 잉여 에너지는 빛으로 방출된다.

생한다. 이는 생체 발광이 완전한 어둠 속에서도 제대로 작동한다는 의미다. 그래서 생체 발광은 심해에서 매우 사랑받는 의사소통 형태다. 반면 생체 형광은 항상 광원에 의존한다. 이는 당연히 동물이 체내에 형광을 내는 성질을 지니고 있다는 의미다.

그런데 동물은 도대체 무엇으로 빛을 가져올까? 산호의 경우, 형광 단백질이 햇빛을 차단한다고 추측한다. 산호는 자포동물로 해파리와 가까운 친척이다. 수백 또는 수천 마리의 산호충이 함께 자라 산호라 불리는 군체를 형성한다. 산호는 언뜻 보기에는 식물로 보이지만 사실 식물이 아니다. 하지만 산호는 두 가지 면에서 식물과 상당히 비슷하다. 첫째로 산호는 거의 모든 종이 고착성이다. 그러니까 한곳에 달라붙어 자라며 절대 다른 데로 이동하지 못한다. 둘째로 산호는 폴립이라고 불리는 촉수 입으로 미세한 플랑크톤을 먹기도 하지만, 주로 간접 햇빛을 자양분으로 삼는다.

산호의 조직 내에는 작은 단세포 조류인 **황록공생조류** *Zooxanthellae*가 세입자로 산다. 이 조류는 광합성 작용으로 당분을 만들어 일부를 산호에게 나누어 주고 이에 대한 보답으로 암모늄과 이산화탄소 같은 영양소는 물론 안전한 거주지까지 산호에게 얻는다. 그러므로 산호나 함께 사는 조류는 제 기능을 하기 위해 햇빛이 필요하다. 하지만 너무 강렬한 태양복사는 양쪽 생물에게 해를 끼칠 수 있다. 여기서 형광 단백질이 본격적으로 활약한다. 태양으로 인해 스트레스가 증가하면 산호는 형광 단백질을 더 많이 만들어 낸다. 단백질은 자외선을 덜 공격적인 빛으로 바꿈으로써 마치 자외선 차단제처럼 산호를 방사선으로부터 보호하는 역할을 하기 때문이다.

이 밖에도 단백질에는 다른 용도가 있다. 몇 년 전, 연구자들은 암초 심층부에 사는 산호의 형광 단백질 농도가, 얕은 곳에 사는 산호보다 훨씬 높다는 사실을 발견했다. 태양광선은 물속에 깊숙이 침투할수록 흡수와 산란 작용으로 세기가 감소하기 때문에 이 사실은 상당히 놀라웠다. 암초 심층부 정도의 깊이에서는 실제로 햇빛을 차단할 필요가 없어야 하지만 불과 60미터 깊이에 있는 홍해의 암초가 마치 야광 막대처럼 빛을 발했고, 특히 청색광을 비추었더니 빨간색과 주황색으로 빛났다. 그러므로 형광 단백질에게는 다른 임무가 있는 것이다. 빛이 거의 들어오지 못하는 깊이에서 형광 단백질은 정반대의 목표를 수행한다. 즉 강한 빛을 막는 대신, 조류가 광합성에 잘 사용할 수 있는 파장으로 변환한다. 여기서 단백질이 빛을 포획하는 역할을 하므로 이 정도 깊이에서도 빛이 존재할 수 있는 것이다.

산호가 아주 희한한 색깔로 빛날 수 있다는 소문이 퍼지자 새천년이 시작될 무렵 몇몇 과학자와 잠수부는 이 환각을 일으키는 수중 세계에 제대로 빠질 수 있도록 청색광이나 자외선을 발산하는 수중 등을 개발했다. 야간에 잠수해서 네온빛의 산호초 사이를 통과하다 보면 마치 테크노 페스티벌에 참가한 기분이 든다. 음악이 없음에도 불구하고, 아니 바로 음악이 없기 때문에 수영을 잘하는 모든 이에게 야간 잠수를 강력하게 추천한다. 수중 등 덕분에 산호가 빛의 퍼레이드에 참가하는 유일한 생물이 아니라는 사실이 드러났기 때문이다. 물고기, 게, 민달팽이까지도 이전에는 볼 수 없었던 화려한 색채와 패턴으로 빛을 발하는 모습을 발견했다.

2014년에 과학자들은 산호초에 사는 물고기 중 빛을 발하는 종이 몇이나 되는지 조사하는 시도를 최초로 했다. 연골어류*와 경골어류**를 모두 포함해 180종 이상이 발견되었다. 여기서는 두톱상어, 가오리, 닥터피시, 혀가자미, 에인절피시, 실고기, 문절망둑, 쏨뱅이 등 몇몇 종만 열거하겠다. 이들은 몸 전체 또는 특정 부위에서 녹색이나 빨간색 빛을 발하며 찬란하게 반짝이는 패턴을 만들어 냈다. 그런데 이는 시작에 불과했다. 이후에도 훨씬 많은 종이 추가되었다. 하지만 물고기는 광합성을 하지 않으며 지느러미를 몇 번 움직이기만 해도 태양을 피해 몸을 숨길 수 있다. 그렇다면 이 물고기들이 형광빛을 내는 능력을 지닌 이유는 과연 무엇일까?

한 연구에 따르면 형광을 발산하는 모습은 주로 바닥에 서식하는 물고기에게 두드러지게 나타났다. 이들은 위장 색과 패턴을 지니고 있어 자기 몸을 잘 숨길 수 있다. 연구자들은 이 물고기들이 너무 잘 숨는 탓에 자기와 같은 종족을 찾아내기 어려울 수 있다고 추정한다. 이는 동족포식***을 하는 물고기에게 다른 개체로부터의 공격을 막을 수 있다는 상당한 이점이 있지만, 번식하기가 매우 어렵다는 단점도 뚜렷하다. 그래서 이들은 좀처럼 드러나지 않아 당장 식별하기 어려운 빛을 고안해 내는 쪽으로 진화한 것이다.

물고기의 눈이 바로 이 이론의 사례다. 산호초에 사는 물고기 대부분이 색깔을 식별하지만 형광빛을 내는 물고기는 눈에 노란색 필터를 추가로 지니고 있다. 이 필터는 일종의 롱패스 필터long pass filter 기능을 수행한다. 즉 단파장을 걸러 내 장파장 인식을 향상시킨다. 이렇게 하면 장파장에 있는 형광은 원

- 딱딱한 뼈 대신 질긴 피부와 가벼운 물렁뼈가 있는 물고기.
- ● 뼈의 일부 또는 전체가 딱딱한 뼈로 되어 있는 물고기.
- ●● 자신과 동일한 종의 동물을 먹이로 잡아먹는 행위.

활하게 활동할 수 있다. 인간을 위한 롱패스 필터도 이미 개발되었다. 노란색 렌즈가 장착된 특수 안경을 착용하기만 하면 된다.

생체 형광이 의사소통에 활용된다는 이론은 매퉁잇과와 밀접한 어류에서 쉽게 관찰할 수 있다. 매퉁잇과에 속하는 여러 어류는 서로서로 비슷한 패턴과 색상을 지니고 있어서 얼핏 봐서는 구분하기가 어려운 반면 그들의 형광 패턴은 너무나 다양해서 인간은 물론 물고기 자신조차 아주 쉽게 구별할 수 있다.

산호는 물론 산호초 안에서 활동하는 물고기도 형광빛을 띠지만, 형광을 발산하는 또 다른 개체가 있다. 바로 조류다. 암석이나 죽은 산호에서 자라는 조류의 녹색 엽록소는 빨간색 형광빛을 발산한다. 이렇듯 산호초 생활권은 상당히 다채로운 형광으로 가득하다. 이런 환경에서 형광은 위장하는 데 중요한 역할을 한다. 녹색으로 빛나는 산호에 자리를 잡았는데 막상 자신은 아무 빛도 발산하지 않는다면, 이는 마치 신호등에 있는 뚱뚱한 거미처럼 밝은 배경에 어두운 그림자를 드리우는 꼴에 지나지 않을 것이다. 그렇게 되면 당연히 포식자나 피식자가 쉽게 정체를 알아채고 덤벼들거나 도망갈 것이다. 물론 그들의 눈에 노란색 필터가 장착된 경우에만 가능하다. 그러므로 여기서는 빨간색이나 녹색 형광으로 완전히 착색하는 것이 위장에 엄청난 도움이 되며, **쏨뱅이**_Sebastiscus marmoratus_ 같은 위장 전문가도 그런 식으로 착색된 것으로 밝혀졌다.

한편 또 다른 연구에서는 먹이를 잡을 때도 해양 생물들이 형광을 이용한다는 사실이 드러났다. **꽃모자해파리**_Olindias formosa_의 촉수 끝은 녹색 형광빛을 발산한다. 어린 자리돔은 나방처럼 빛에 반응해, 해파리가 쳐 놓은 덫에 곧바로 뛰어든다. 이 모습을 보고 과학자들은 산호초에 사는 물고기가 녹색 빛을 보고 어떤 행동을 하는지 관찰하기 위해 녹색 레이저 포인터를 가지고 바닷속으로 들어가 실험했다. 그러자 수많은 종류의 물고기가 열성적으로 녹색 점을 쫓아다니는 광경이 펼쳐졌다. 마치 육지에서 고양이가 보이는 행동과 똑같았다. 따라서 **사마귀새우**_Stomatopoda_ 같은 형광을 지닌 일부 해양 동물이나 꽃말미잘과 딸기말미잘 같은 말미잘이 이런 식으로 먹이를 유인한다고 추측한다. 덧붙이면, 이러한 아이디어가 완전히 새로운 것은 아니다. 낚시꾼은 이미 오래전부터 이러한 원리를 잘 알고 특정 어류를 잡을 때 형광 미끼를 사용했다.

✳

최근 몇 년 동안 연구자들은 수중 발광현상과 그 의미를 더 잘 이해하기 위해 두툽상어과에 속하는 상어 두 마리를 광범위하게 연구했다. 한 마리는 **스웰샤크***Cephaloscyllium ventriosum, Swellshark*이고, 또 한 마리는 **체인캣샤크***Scyliorhinus retifer*다. 이들은 문자 그대로 완벽한 형광 폭탄으로, 요란한 파티를 벌일 때마다 구경꾼을 얼마든지 환영하기 때문이다.

체인캣샤크는 네트캣샤크라고도 한다. 밝은 베이지색 몸통 전체에 골고루 배치된 어둡지만 화려한 그물 모양 패턴 때문이다. 그들은 미국 동해안 전체와 중앙아메리카 니카라과에 이르는 대서양 지역에 서식하며, 차가운 물을 좋아해 수심 30~550미터에 머무른다. 반면 스웰샤크는 완전히 반대쪽인 북아메리카의 태평양 지역을 오간다. 즉 캘리포니아와 멕시코 남부 사이 지역의 수심 5~450미터에서 서식한다. 스웰샤크도 살갗에 어두운 패턴이 있지만 체인캣샤크만큼 두드러지지는 않는다. 스웰샤크라는 이름은 이 상어의 또 다른 특징인 독특한 방어 전략에서 비롯된다. 스웰샤크는 궁지에 몰리면 매우 빠르게 물을 들이마신다. 그것도 엄청나게 많이 마신다. 그 결과 두꺼운 배가 둥글게 부풀어 오르면 스웰샤크의 몸체는 U 모양으로 바뀌어 적들이 집어삼키기 어려워진다.

스웰샤크와 체인캣샤크의 형광 표식 특성을 조사한 과학자들은 살갗의 밝은 부분이 형광을 강하게 발산하고, 어두운

부풀어 오른 스웰샤크. 스웰샤크는 포식자로부터 자신을 보호하기 위해 물을 들이
마신다. 스웰샤크의 길이는 약 100센티미터다.

패턴 부분은 희미하게 반짝거리는 사실을 주목했다. 게다가 스
웰샤크는 강렬한 녹색 형광을 띠는 둥근 반점 패턴을 지녔는
데 이 패턴은 일광에서는 거의 식별할 수 없다. 체인캣샤크는
특이하게도 복부에 있는 패턴이 수컷보다 암컷이 훨씬 두드러
지며 이 패턴은 형광으로 강조되어 있다.

　　한편 분광광도계*가 장착된 현미경으로 이들 상어의 눈
을 관찰했을 때 상어의 눈에서 색소를 발견했다. 이 색소는
440~540나노미터 범위의 광파를 흡수한다. 이 말은 상어가
이 범위에 속하는 파장의 빛을 볼 수 있다는 뜻이다. 그리고 이
는 상어의 살갗의 빛이 청색 형광에서 녹색 형광으로 바뀌는
파장 범위와 정확히 일치한다. 상어는 망막에 있는 간상세포

* 　빛의 세기를 파장별로 재는 장치. 주로 반사율과 투과율을 재는 데 쓴다.

로 빛을 아주 잘 감지하고 빛이 열악한 상황에 완벽하게 적응한다. 하지만 상어의 눈에는 간상세포만 있다. 이는 결과적으로 상어가 색맹이라는 뜻이다. 그럼에도 상어는 이 색소 덕분에 녹색 형광빛을 볼 수 있다.

이러한 통찰을 근거로 빛이 거의 침투하지 못하는 심해에서 상어의 빛을 내는 능력이 서로를 인식하는 데 이용될 수 있다는 가설이 나왔다. 이 가설을 검증하고 새로 얻은 상어의 눈 속 특수 색소에 대한 지식을 바탕으로 과학자들은 '상어 눈 카메라'를 개발했다. 이 카메라는 롱패스 필터와 쇼트패스 필터 short pass filter를 이용해 상어의 눈과 똑같이 440~540나노미터 스펙트럼 안에 있는 빛을 감지할 수 있다. 과학자들은 이 카메라로 자연 서식 환경에 있는 스웰샤크를 촬영했다. 한 번은 인간의 관점에서, 또 한 번은 상어의 관점에서 사진을 찍었다. 필터가 없는 상태, 즉 인간의 관점에서 찍은 사진을 보면 갈색과 베이지색 패턴을 지닌 상어는 주위의 배경과 융합되어 형체를 거의 알아볼 수 없다. 반면 상어 눈 카메라로 찍은 사진은 상어가 지닌 형광 덕분에 패턴의 대비가 높아져서 형체가 뚜렷하게 보인다.

다음 단계 연구에서 상어의 피부를 좀 더 자세히 조사했다. 상어는 연골어류에 속하며 무엇보다 피부가 경골어류와 구별된다. 상어의 피부에는 미세한 방패비늘이 덮여 있다. 방패비늘을 피치皮齒라고도 하는데, 구조와 성분이 치아와 유사하기 때문이다. 피치는 유체역학 형태로 이루어져 있어 헤엄칠 때 물의 저항을 최소화한다. 상어의 피부는 놀라울 정도로 매끄럽지만 헤엄치는 방향과 반대인 꼬리에서 머리 방향으로 몸을 쓰다듬으면 사포를 만질 때와 비슷한 느낌이 든다. 만약 상어의 몸 크기를 재기 위해 바짝 다가간다면 살갗이 벗어진 듯한 자잘한 생채기가 남을 수도 있다. 어린 시절에 무릎을 다친 기억을 떠올려 보면 그때 멍든 것에 비해 상처가 치명적이지는 않지만 확실히 불쾌하다. 이 상처를 보통 상어 발진이라고 하는데, 소독하지 않으면 멍든 무릎처럼 퍼렇게 되고 가려우며 쉽게 염증이 생길 수 있다. 안타깝지만 결론적으로 상어는 설령 이빨이 없다 하더라도 가까이 가기에는 부적절하다.

현미경 이야기로 돌아가 보자. 연구자들이 현미경으로 상어의 피부와 피치를 자세히 관찰했더니 스웰샤크는 피부만 빛나고 피치는 빛나지 않았다. 그래서 스웰샤크의 피부가 녹색 형광으로 빛나면 피치의 어두운 그림자는 확실히 두드러져 보인다. 반면 체인캣샤크는 피부 외에 자잘한 피치도 빛을 발한다. 피치는 일종의 '빛의 경로'가 된다. 피부에서 반사되는 빛이 피치의 경로에서 한데 뭉치기 때문에 피치를 둘러싼 피부보다 피치가 훨씬 밝게 빛난다.

한편 자잘한 형광 피치 사이에는 좀 더 커다란 피치가 자리 잡고 있는데, 이 피치는 빛을 발하지 않는다. 즉 둥근 반점 패턴에만 빛이 나는 것처럼 형광이 의도적으로 배치된 것이며, 이러한 상어의 구조가 환경에 적응하는 진화적 과정에서 생겨났음을 의미한다. 그러므로 상어의 발광이 전반적으로 중요한 임무를 수행한다는 가정이 맞을 가능성이 한층 높아졌다. 더욱 놀라운 건, 형광에 관여하는 물질이 단백질이 아니라 완전히 새로운 종류의 대사산물이라는 사실을 발견한 것이다.

대사산물은 물질대사 과정에서 생성되는 물질이다. 이 경우는 트립토판-키뉴레닌 대사 경로와 관련되어 있다. 이때 키뉴레닌 대사산물이 생성되는 여러 단계를 거치면서 아미노산 트립토판은 효소에 의해 비타민 니코틴산으로 바뀐다. 인간의 경우, 이 대사 경로는 뇌와 면역 체계에 중요한 역할을 담당한다. 이 경로에서 발생한 장애는 당뇨, 염증, 우울증을 유발한다. 예를 들어 이 대사 경로에 교란이 발생하면 키뉴레닌산이 과도하게 형성될 수 있고, 이렇게 되면 신경전달물질인 글루타메이트와 도파민이 뉴런 수용체에 도킹하는 데 지장을 받는다. 이는 집중력 장애와 의욕 상실, 심지어 운동장애에 이르는 광범위한 결과로 이어질 수 있다. 하지만 상어의 키뉴레닌 대사산물은 우리 것과는 다르게 브롬 원자가 붙어 있어 형광을 발한다. 해파리와 산호는 형광을 위해 단백질을 사용하는 반면 상어는 형광 대사산물을 활용해 완전히 다른 전략을 개발했다.

두톱상어과 *Scyliorhinidae, Cat shark* 는 그 이름에 걸맞게 고양이처럼 바닥에 누워서 빈둥거리는 성향이 있고, 동굴 틈새에 숨는 경우도 많다. 이들은 적게 움직이고 바닥과 밀접하게 지내며 접촉하는 경우도 있기 때문에 이론상으로는 조류와 박테리아의 성장에 매우 취약하다. 하지만 실제로 조류와 박테리아에게 시달리는 일은 없는데, 연구자들은 새로 발견된 대사산물 때문이라고 여긴다. 과학자들은 테스트를 통해 이 분자가 실제로 항균성을 지니고 있음을 증명했다. 두톱상어과 연구를 통해 상어가 빛을 발하는 현상은 자연의 일시적인 변덕이 아니라 다양한 기능을 수행하기 위한 장치일 수 있다는 사실이 다시 한번 분명해졌다.

✳

바닷속에서 누가 또는 무엇이 형광을 발할 수 있는지는 오늘날까지도 완전히 규명되지 않았다. 최근에야 바다거북이 형광을 발한다는 사실이 우연히 발견되었다. 정확히 말하면, **매부리바다거북**^{Eretmochelys imbricata}과 **붉은바다거북**^{Caretta caretta} 모두 등딱지와 피부 일부에서 녹색 형광빛이 발산된다.

남아프리카공화국 출신의 해양생물학자 마이크 마코비나^{Mike Markovina}는 형광으로 가득한 미지의 세계에 매료된 사람 중 하나였다. 과학자들은 마코비나와 자크 비에이라^{Jacques Vieir}가 이끄는 남아프리카공화국 형광 상어 프로젝트 팀과 함께 두꺼운 청색광 램프를 만들었다. 이 램프로 모잠비크의 산호초와 남아프리카공화국 연안의 다시마숲을 비추었다. 심지어 밤이 되면 케이프타운에 위치한 투 오션스 아쿠아리움에 있는 수조로 뛰어들기도 했다. 그들은 사전 지식이 있기는 했지만 실제로 해양 생물이 발산하는 빛의 세계가 무한하다는 사실을 발견하고는 몹시 놀랐다.

곰치는 그들 곁을 잽싸게 지나가면서 눈부신 초록빛을 뿜어냈다. 무척 인상적이었다. 갑오징어 무리 중 한 마리가 파란빛을 발하고 눈에서 샛노란 형광빛을 발산하는 광경도 보았다. 더 매혹적인 점은 이 오징어가 몸 전체에서 노란색 형광파를 내보낼 수 있다는 것이다. 즉 이 오징어는 형광을 제어할 수 있다. 과학자들은 녹색과 노란색 줄무늬를 지닌 해로새우가 갑자기 주황색 형광물질을 구름처럼 뿜어내는 것도 관찰했다.

윗부분 그림: 형광을 발하는 체인캣샤크. 체인캣샤크는 몸길이가 약 50센티미터밖에 되지 않는다.

아랫부분 그림: 가까이에서 본 형광을 발하는 피치. 작은 비늘은 빛의 경로를 형성해 피부에 있는 형광을 한데 뭉치게 한다. 큰 비늘은 그런 일을 하지 않고 어두운 그림자로 남아 있어 형광을 발하는 피부와 뚜렷한 대조를 이룬다.

여기서 내가 '물질'이라고 쓴 이유는 그것이 무엇이고 왜 뿜어지는지 아무도 모르기 때문이다. 해로새우는 열대 산호초 어느 구석에 자리 잡고 빛을 냈다. 다시마숲도 장관이었다. 다시마는 엽록소의 작용으로 검붉은빛을 풍부하게 발산했다. 신비한 마법의 숲을 보는 듯했다. 많은 물고기에게서 붉은 톤의 동일한 패턴을 발견할 수 있었다. 다른 다시마숲 생물도 다양한 색깔을 발했다. 바닷가재, 해마, 실고기, 게 등등. 심지어 펭귄도 부리의 여러 지점이나 하얀 깃털의 많은 부분에서 빛을 내뿜었다.

형광 상어 프로젝트 팀은 상어의 형광 특성을 더 정확하게 관찰하는 데 초점을 맞추었다. 이를 위해 남아프리카공화국 연안에서만 발견되는 두툽상어과의 **샤이샤크***Haploblepharus, Shyshark*를 자세히 관찰했다. 관찰은 대성공이었다. **펍에더샤이 샤크***Haploblepharus edwardsii*는 눈부신 초록빛을, 어두운 두툽상어도 덜 강렬하기는 하지만 초록빛을 발산했다. 이 상어들은 특히 복부의 형광빛이 강해서 그들이 모래 위를 헤엄칠 때는 마치 클럽 바닥을 비추는 싸구려 조명을 보는 듯했다. 여담이지만 샤이샤크는 이름에 어울리는 행동을 한다. 겁을 먹으면 도넛 모양으로 몸을 둥글게 말아 꼬리로 눈을 가리기 때문이다. 의심의 여지 없이 내가 뽑은 가장 귀여운 상어 1위다.

기대와는 달리 이곳에 사는 또 다른 두 두톱상어과인 줄무늬가 돋보이는 **삿징이상어**^{Heterodontus zebra}와 얼룩무늬가 너무나 아름다운 **레오파드캣샤크**^{Poroderma pantherinum}는 대체로 형광을 발하지 않는다. 반면 냉동된 듯한 칙칙한 회색이 돋보이는 **미흑점상어**^{Carcharhinus falciformis}는 빛을 발한다. 그리고 **흑기흉상어**^{Carcharhinus melanopterus}의 경우는 지느러미에서 형광을 발하는 부위가 발견되었다.

이 상어들은 모두 바닥에 서식한다. 그렇다면 망망대해를 이리저리 헤엄치며 떠돌아 다니는 유영성 상어의 겉모습은 어떨까? 유감스럽지만 지금까지는 조사되지 않았다. 야간에 잠수해서 네온빛의 산호초를 통과하는 일을 시도하는 데 어려움이 따르기 때문이다. 첫 번째 이유는 밤에 잠수하는 일이 낮에 잠수하는 일보다 훨씬 까다로운 작업이기 때문이다. 시야가 매우 제한되며 손전

윗부분 그림: 어두운 두톱상어.
아랫부분 그림: 도넛 모양으로 몸을 말은 펍에더샤이샤크. 두 상어 모두 몸길이가 약 60센티미터다. 남아프리카공화국 해안에서만 발견할 수 있다.

등이 비추는 지점만 볼 수 있으므로, 오른쪽에서 상어가 장기를 두고 있어도 손전등을 왼쪽만 비추고 있다면 그 광경을 모조리 놓칠 수 있다. 청색광 램프에서 나오는 빛은 대개 좁은 원뿔 모양이라 유영성 상어처럼 민첩한 동물을 포착하기가 정말 쉽지 않다.

두 번째 이유는 작은 벌레가 청색광에 엄청나게 꼬여서

윗부분 그림: 줄무늬 두툽상어라고도 불리는 삿징이상어는 몸길이가 약 95센티미터다.
아랫부분 그림: 레오파드캣샤크는 몸길이가 최대 74센티미터로 삿징이상어보다 약간 작은 편이다. 이 상어들 또한 남아프리카공화국 연안에서만 발견할 수 있다.

잠수부의 귀, 심지어 잠수 마스크 안까지 들어오기 때문이다. 정어리도 청색광을 무척 좋아하는지 잠수부에게 달려든다. 잠수부들은 대개 정어리 떼와 만나고 싶어 하지 않는다. 이런 상황에서 해결 방법은 한 가지뿐이다. 손전등을 꺼야 한다.

마이크 마코비나는 여전히 생체 형광을 연구하고 있다. 그는 누가 바다에서 빛을 발산하는지 말고도, 도대체 누가 이 빛을 볼 수 있는지에 대해서도 관심이 무척 많다. 더 정확하게 말하면 어떤 상어가 이 빛을 볼 수 있는지 관심이 많다. 아울러 여기서 얻은 지식을 최대한 활용해서 어류 남획과 같은 추가적인 위험 가능성을 어떻게 막을 수 있을지도 마코비나의 관심사다. 그가 떠올린 아이디어는 바로 형광 어망이다. 형광 어망을 투입하면 원래 목표한 물고기를 계속 잡는 동안 상어는 형광 어망의 주변으로 헤엄칠 것이다. 이렇게 하면 평소 의도치 않게 함께 잡혀 목숨을 잃던 엄청난 수의 상어를 안전하게 구할 수 있다.

바다에서 의사소통, 사냥, 위장 등의 역할을 하는 형광의 기능에 관해 새로운 가설이 계속 추가되고 있다. 앞으로도 지속적인 연구를 통해 입증되어야 할 과제들이다. 곰곰이 생각하면 형광이 그저 우연히 생긴 특성이 아니라 특정 기능을 오롯이 수행한다는 것이 이해가 간다. 동물 다큐멘터리에서 볼 수 있는 다채로운 산호초와 아주 멋진 물고기의 모습은 실제와 다르기 때문이다. 이러한 장면은 산호초 꼭대기로부터 몇 센티미터 아래 깊이에서 밝은 햇빛을 받지 못한 상태로 찍기 때문에 성능이 좋은 잠수용 손전등의 도움을 받아 촬영한다. 이렇게 해야 산호초가 다채로운 색으로 빛나지, 그렇지 않으면 수중 세계는 온통 녹청색투성이로 보인다. 이유는 무척 간단하다. 물은 최소한 맑은 경우에는 파란색이기 때문이다. 이는 물이 빛을 흡수하는 바람에 광파가 바다 깊숙한 곳까지 도달하기가 어려워 일어나는 현상이다.

　광파는 에너지를 더 많이 가질수록 더 깊숙이 침투한다. 그래서 에너지 수준이 빈약한 빨간색이 물 표면에 닿자마자 가장 먼저 침투에 실패하고 만다. 화려한 빨간색은 수중으로 몇 미터만 들어가도 칙칙한 갈색으로 변하는 반면, 파란색은 에너지 수준이 높아서 물속에 훨씬 깊숙이 침투한다. 그래서 맑은 바닷물에 빠져 깊이 들어갈수록 온통 짙은 파란색이 에워싸다가 이윽고 완전한 어둠이 눈앞을 지배한다. 이제 여기서 형광 단백질과 형광 분자가 다시 활동을 펼친다. 정확히 말하면 에너지가 풍부한 청색광을 활용해 다른 색깔의 빛을 만들어 낸다. 형광 덕분에 해양 동물은 파랗기만 한 단조로운 수중 세상에 빨강 같은 다양한 색을 입힐 뿐 아니라 색채대비까지 높인다.

한편 조류, 굴, 따개비, 달팽이나 이와 유사한 생물이 선체 혹은 수중에 설치된 장치에 무성하게 달라붙은 광경을 흔히 볼 수 있다. 이런 생물을 부착생물이라고 한다. 부착생물은 산업계에서 커다란 골칫거리다. 그동안 부착생물을 제거하는 방법이 많이 개발되었지만 독성이 너무 강해 환경을 해친다는 이유로 금지되었다. 그래서 친환경적인 대안을 마련하기 위해 부단히 노력하고 있다. 예를 들어 산호의 형광 단백질은 천연 조류 성장 억제제로써 부착생물 문제에 활용할 수 있다는 사실이 밝혀졌다.

형광 분자는 생명공학 차원에서도 흥미롭기 때문에 해양 동물은 물론 우리에게도 새로운 가능성을 열어 준다. 특히 상어에게서 새롭게 발견한 형광 분자는 세포생물학 분야에 응용할 가능성이 높다. 이뿐만이 아니다. 상어의 형광 분자는 전혀 다른 분야에도 유용하게 응용할 수 있다.

의학 분야에서는 항생제의 내성 증가를 해결할 대안을 찾으려고 계속 노력하고 있는데, 상어의 형광 분자가 지닌 항균성이 매우 중요한 역할을 할 수 있을 것으로 보인다. 한 가지는 분명하다. 환각을 일으키는 바다의 다채로운 색깔 세계에 대해 순수하게 지식을 쌓고 매료되는 것도 좋지만, 이 주제는 혁신적인 아이디어와 응용 가능성이 무궁무진한 잠재력이 큰 분야라는 점이다. 이번에는 녹색 형광 단백질의 경우처럼 발견부터 혁명까지 30년이 걸리지 않기를 희망한다.

3

대단히 오래된 피조물
노화

나이는 우리 인간이 엄청난 관심을 갖고 몰두하는 주제다. 늙고 싶어 하는 사람은 거의 없다. 우리는 젊음과 매력뿐 아니라 건강한 신체도 유지하고 싶어 한다. 나이 들어 보이고 싶을 때는 미성년자가 성숙해 보이려 화장을 짙게 한 뒤 형이나 언니의 주민등록증을 빌려 클럽 혹은 극장 검표원의 감시를 피해 무사통과하려 할 때뿐이다. 이 일은 성공하기도 하고 실패하기도 한다. 만약 성공했다면 검표원이 눈을 감은 사이에 안으로 들어갔을까? 아니면 정말로 나이 들어 보이는 데 성공한 걸까? 신분증을 한 번이라도 검사해 본 사람이라면 알 것이다. 나이를 추정하는 일이 절대 쉽지 않다는 것을.

나는 잔인한 공포 영화를 보려고 검표원의 눈을 속여 극장에 들어가는 미성년자가 얼마나 많은지는 굳이 알고 싶지 않다. 또한 과학자가 동물의 나이를 추정하는 데 어려움을 겪고 때로는 완전히 착각할 수도 있다는 사실이 전혀 놀랍지도 않다. 여기에 해당하는 멋진 사례가 바로 상어와 가오리다. 과학자들이 이 동물들의 나이를 애당초 잘못 측정했기 때문이다.

상어의 나이를 결정하는 고전적인 방법은 나무의 경우와 비슷하게 척추체의 나이테를 세는 것이다. 유감스럽게도 이 방법은 정확도가 그저 그렇다. 나이가 들면서 나이테가 더 이상 신뢰할 만한 수준으로 형성되지 않거나 심지어 아예 자라지 않기 때문이다. 그래서 더 이상 나이를 식별하기가 쉽지 않게 된다.

나이테로 나이를 좀 더 정확히 계산하는 방법은 생물체에 미리 형광 색소로 표시하는 것이다. 색소를 상어의 근조직에 주입하면 이것이 연골조직에 축적되어 색소가 척추에 주입된 시점을 알아볼 수 있다. 예를 들어 이렇게 표시된 상어가 5년이라는 시간이 지난 뒤 다시 잡히면, 척추 나이테에서 색소가 주입된 시점을 정확하게 관찰할 수 있다. 그리고 주입 이후에 성장한 기간이 5년이라는 사실도 알 수 있다. 이렇게 알아낸 내용을 이후 다른 생물들의 나이테에도 적용해 나이를 계산할 수 있다. 하지만 최근 몇 년간 폭탄 펄스법 덕분에 그동안 생물들의 나이가 대단히 과소평가되었다는 사실이 밝혀졌다.

아마 방사성 탄소 연대 측정법에 대해 들어 보았을 것이다. 탄소의 방사성동위원소 ^{14}C는 ^{12}C에 비해 약 $1:10^{12}$ 비율로 대기에 소량 존재한다. ^{14}C는 우주선宇宙線*이 질소 원자와 충돌할 때 자연스럽게 생성된다. 식물은 광합성을 통해 대기 중의 이산화탄소를 흡수하는데, 여기에는 소량의 ^{14}C도 포함된다. 이후 식물은 다른 생물에게 먹히고 이 생물은 다시 다른 생물에게 먹히는 과정이 계속 진행된다.

그래서 지구상의 모든 탄소질 물질은 소량의 ^{14}C를 함유한다. 예를 들어 사람이 죽으면 더 이상 음식을 먹지 않으므로 ^{14}C도 섭취하지 않는다. ^{14}C는 명칭 자체가 불안정한 원소임을 의미하기 때문에 원자는 서서히 붕괴하기 시작한다. ^{14}C의 반감기는 대략 5730년이다. ^{14}C 원자의 절반이 붕괴할 때까지 그만큼의 시간이 걸린다. 그런 다음 남은 원자의 절반이 붕괴할 때까지 5730년이 더 걸리므로 이런 식이라면 대략 5만 년이 지나야 ^{14}C이 더 이상 존재하지 않게 된다. 미라 외치**처럼

---

* 우주에서 끊임없이 지구로 내려오는 매우 높은 에너지의 입자선을 통틀어 이르는 말.

** 오스트리아와 이탈리아 국경에서 발견된 미라. 보존 상태가 좋아 수천 년 전 사람임에도 살아 있을 당시의 식생활, 건강 상태 등을 밝혀 냈다.

잘 보존된 발견물의 경우, 과학자들은 생체 조직의 ^{14}C 농도를 참작해 몇백 년 전에 살았는지 정확하게 환산할 수 있다. 이에 따르면 석기시대 사람인 외치는 약 5200년 전에 살았다. 이 방법은 훌륭하기는 하지만 아주 오래된 발견물에만 제대로 작용하기 때문에 비교적 생존 기간이 짧은 동물의 나이를 추정하지는 못한다.

독일어로 폭발 정점 스톱워치라고도 부르는 폭탄 펄스법은, 방사성 탄소 연대 측정법을 변형한 형태로, 수명이 짧은 동물의 나이를 제대로 추정할 수 있다. 폭탄 펄스법은 기이하게도 냉전 시대 덕분에 탄생했다. 미국과 소련이 1950~1960년대에 원자폭탄 실험을 500회 이상 한 결과 대기 중 방사성 ^{14}C 농도가 2배나 증가했다. 이후 농도는 시간이 지남에 따라 꾸준히 떨어졌고, 그리하여 이 시점 이후로 ^{14}C 농도는 해마다 독특한 지표를 보이게 되었다. 이제 유기체가 태어날 때 단 한 번만 형성되는 구조를 관찰하면(예를 들어 치아가

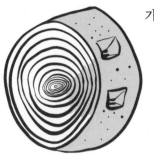

나이테가 있는 상어의 척추체. 나이테는 육안으로 식별하기 어려울 때가 많으므로 단층촬영이나 엑스선촬영을 활용해 나이테를 좀 더 잘 보이게 만든다.

이러한 관찰을 하는 데 아주 적합하다) ^{14}C 농도를 근거로 이 구조의 생성 연도를 알아내어 나이를 밝혀낼 수 있다.

　폭탄 펄스법은 2000년대 초반에 혁명을 몰고 왔다. 폭탄 펄스법은 뇌세포는 재생되지 않지만 지방세포는 재생된다는 사실을 밝혀냈다. 법의학 측면에서도 중요한 의미가 있는데, 이것을 통해 사망자의 생년을 특정할 수 있기 때문이다. 그래서 폭탄 펄스법은 2004년 모든 것을 파괴한 인도양 지진해일에 희생된 무수한 이들의 신원을 밝히는 데 큰 역할을 했다. 이 방법은 물고기, 상어, 가오리의 나이를 측정하는 경우에도 엄청나게 도움이 된다.

　덕분에 상어의 나이를 처음으로 타당하게 밝혀낼 수 있게 되자 그동안 상어 대부분이 훨씬 늙게 추정되었다는 사실이 분명하게 드러났다. 그 이유는 나이테 계산법이 동물 수명의 첫 3분의 1 시기까지는 꽤 잘 맞추지만 그 이후에는 신뢰하기가 어렵기 때문이다. 정확히 말하면 폭탄 펄스법을 통해 일부 종의 예상 수명은 2배로 늘어났다. 연구 대상이 된 29종의 상어 중 30퍼센트가 실제로 평균 18세나 어린 것으로 추정되었다. 예를 들어 **백상아리***Carcharodon carcharias*의 예상 수명은 40세에서 70세 이상으로 늘어났다. 이로써 백상아리는 지구에서 가장 오래 사는 연골어류의 위치에 올랐다.

폭탄 펄스법 덕분에 연구자들은 현재까지 가장 오래된 척추동물도 발견했다. 바로 **그린란드상어***Somniosus microcephalus*다. 그린란드상어는 아주 여유로운 상어로, 시속 1킬로미터의 속도로 북대서양을 헤엄친다. 그린란드상어의 몸길이는 최대 5미터인데 매해 1센티미터만 자라기 때문에 매우 오래 산다고 상당 기간 추정되었다. 안타깝게도 그린란드상어의 나이테는 셀 수 없다. 그린란드상어의 척추 둘레에는 석회화 조직이 없어서 나이테가 형성되지 않는다. 대신 그린란드상어의 눈 안 수정체핵을 조사해 나이를 추정했다. 수정체핵은 이미 태아 단계에서 형성되어 태어난 해의 ^{14}C 지문을 간직하고 있기 때문이다.

어부의 그물에 의도치 않게 딸려 온 다양한 크기의 여러 표본을 방사성 탄소 연대 측정법으로 조사하고 분석했다. 여기서 폭탄 펄스법은 어린 동물에게만 적용할 수 있다. 이 방법으로 찾아내기를 고대하는 ^{14}C의 정점은, 1950년 이후에 태어난 동물에게만 있기 때문이다. 그리고 실제로 나이는 동물의 몸길이와 상관관계가 있다. 이는 연구에서 가장 큰 표본으로 꼽히는 몸길이 5.02미터짜리 그린란드상어의 나이가 272~512살이라는 것을 의미한다. 얼마나 인상적인 나이인가! 여기서 방사성 탄소 연대 측정법으로 계산한 연령 범위가 아주

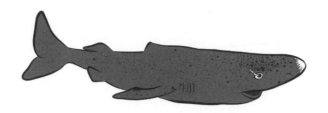

그린란드상어는 북대서양과 북극해 표면부터 수심 1800미터 사이에 서식한다. 주로 물고기를 먹고 살지만 물개 같은 포유류를 잡아먹기도 한다. 그린란드 상어의 조직에는 고농도 트리메틸아민옥사이드가 함유되어 있다. 이 물질은 부동액 역할을 하는 화합물로, 심해에서 부력과 압력을 조절하는 데 도움을 준다. 거의 모든 그린란드상어의 눈에는 요각류 기생충인 **오마토코이타 엘롱가타***Ommatokoita elongata*가 사는데, 이 기생충은 마치 털실처럼 눈에 단단히 붙어 각막과 결막을 먹고 산다. 이는 그린란드상어의 시력을 손상시키기는 하지만 그린란드상어는 매우 예리한 후각 등의 다른 감각으로 보완하는 것으로 추정된다.

넓기는 하지만, 최소 나이만으로도 그린란드상어는 세상에서 가장 오래된 척추동물로 꼽힌다. 한번 상상해 보자. 이 상어는 프랑스 사람들이 혁명을 꿈조차 꾸지 않던 시기에도 살아 있었다. 아마도 그린란드상어는 유럽에서 30년 전쟁이 한바탕 벌어지는 동안 차가운 북쪽 바다를 유유히 헤엄쳤을 것이다.

하지만 이 엄청난 생존 기간은 그린란드상어가 대략 150살이 되어야 성적으로 성숙해져 번식할 수 있다는 사실을 의미하기도 한다. 이는 그린란드상어가 남획에 매우 취약한 원인이다. 그린란드상어는 과거에 상어간유 채취 대상으로 아주 인기가 높았다가 1960년대 이후로는 더 이상 사냥감이 되지 않았지만 의도치 않게 어망에 걸려드는 경우가 종종 있다. 그렇다고 그 지역이 그린란드상어의 서식지라 하기에도 불분명하다. 그곳 또는 다른 해역에서 얼마나 많은 그린란드상어가 헤엄치고 다니는지 전혀 알 길이 없기 때문이다.

물고기와 상어의 나이를 측정하는 일은 어업을 양호한 상태로 관리하고 지속 가능한 어획 활동을 하기 위해서 매우 중요하다. 나이를 측정하면 어류 개체군의 생산성을 평가할 수 있기 때문이다. 나이 측정에서 오류가 생기면 어류 개체군이 과도하게 착취당해서, 더 이상 번식을 전혀 하지 않게 되어 멸종 위기종 목록에 오르는 상황까지 이어질 수 있다. 이와 관련한 전형적인 사례가 바로 심해에 사는 **오렌지러피***Hoplostethus atlanticus*다.

이 물고기는 1970년대 후반부터 집중적으로 잡혔다. 당시 오렌지러피의 기대 수명은 30년 정도로 추정되었지만 이것은 아주 잘못된 계산이었다. 1990년대 중반에야 정확히 측정된 오렌지러피의 기대 수명은 150살이었고, 이를 통해 20살을 넘어야 성적으로 성숙해질 것으로 추측되었다. 이러한 오판과 남획 때문에 호주와 뉴질랜드의 오렌지러피 개체 수는 거의 붕괴에 이르렀다. 결국 2008년 호주와 뉴질랜드 정부는 특단의 조치로 오렌지러피 포획을 완전히 금지했다. 최근에는 개체 수가 복구되어 다시 잡아도 괜찮은 상황이다. 심지어 뉴질랜드의 오렌지러피는 지속 가능한 형태로 조업했다는 MSC 인증 마크도 찍혀 있다. 하지만 세계자연기금WWF과 그린피스 같은 비정부 국제 조직은 오렌지러피를 잡는 게 과연 정당한가에 대해 강하게 의심한다.

폭탄 펄스법 덕분에 발전한 연구 분야는 해양과학뿐만이 아니다. 하지만 이 방법은 아마도 2030년 이후 태어난 생물에게는 더 이상 적용하지 못할 것 같다. 2030년부터는 대기 중의 ^{14}C 농도가 1950년대 이전 수준으로 다시 떨어지기 때문이다. 폭탄 펄스법의 단점은 또 있다. 폭탄 펄스법도 나이테 측정법과 마찬가지로 나이를 측정하기 위해 대상 동물을 죽여야 한다. 연령에 따른 개체 수의 역학 관계를 연구하고 싶다면, 이러한 살생은 원칙적으로 피해야 마땅하다.

그래서 표식 부착법을 더 많이 활용하는 것이 중요하다. 이 방법은 상어를 잡아 몸길이를 재고 무게를 측정하고 나서 번호가 찍힌 작은 플라스틱 표식을 부착한 뒤 다시 풀어 준다. 이 표식을 통해 수년 동안 상어의 성장 과정을 추적할 수 있다. 표식 부착법은 당연히 비용이 매우 많이 든다. 표식을 부착한 상어를 다시 포획하려면 시간과 인내, 운이 많이 필요하다. 더불어 이미 확보한 상어의 나이에 관한 데이터를 통해 연령과 성장 간의 상관관계를 더 잘 이해할 수 있어야 하고, 따라서 상어의 몸 크기를 근거로 나이에 대해 추론할 수 있어야 한다. 하지만 이 방법은 생명을 빼앗지 않는다.

그린란드상어보다 더 오래된 피조물이 차가운 북극해 위를 떠돌아다닌다. 바로 **대양백합조개**^{*Arctica islandica*}다. 이 조개는 수명이 길기로 유명한데, 200살까지 사는 게 전혀 특별한 일이 아닐 정도다. 하지만 이렇게 오래 산다는 걸 알아도 새삼 깜짝 놀라는 경우도 있다. 아이슬란드로 원정을 떠난 탐험대가 발견한 대양백합조개의 나이는 무려 507살이었다. 이 조개의 출생 연도는 1499년이다. 그러니까 미 대륙에 공식적으로 발을 내디딘 첫 유럽인인 아메리고 베스푸치^{Amerigo Vespucci}('아메리카 대륙'이라는 명칭은 이 사람 이름에서 땄다)가 좀 더 북쪽으로 항해했다면 이 조개를 만났을지도 모른다.

대양백합조개는 눈에 잘 띄지 않는 조개다. 하지만 이 조개 중 하나의 나이는 507세로, 기네스북에 최고령 동물로 기록되었다.

조개의 나이는 껍질에 새겨진 나이테 덕분에 아주 정확하고 확실하게 파악할 수 있다. 그래서 대양백합조개는 현재 세상에서 가장 오래된 동물로 기네스북에 등재되어 있다. 그린란드상어의 경우 추정되는 나이의 범위가 너무 넓은 바람에 대양백합조개의 기록을 깨지 못하고 있다. 대양백합조개를 발견한 원정대는 눈앞에서 발견한 것이 어떤 종류의 조개인지 전혀 몰랐기 때문에 채집하자마자 곧장 얼려 버렸다. 조개는 더 이상 살아남지 못했다. 원정대가 이 조개를 발견하지 않았다면 얼마나 더 오래 살았을지 모를 일이다.

✳

대부분의 사람들이 스펀지를 개수통이나 욕조에서 사용하는 플라스틱 제품으로만 알고 있다. 이 스펀지의 모델은 해면동물로, 주로 바다에서 만날 수 있다. 해면동물은 대략 8억 년 전에 생성된 이후로 거의 변화가 없었다. 해면동물은 구조가 단순해 장기, 신경세포, 근육세포가 없다. 또한 해면동물은 바닥에 단단히 고정되어 있어 배불뚝이 꽃병과 비슷해 보일 때가 종종 있다. 해면동물의 체벽은 미세한 구멍으로 덮여 있는데, 이 구멍을 통해 외부의 물을 여과해 내부로 들여오는 동시에 작은 플랑크톤을 섭취한다. 해면동물의 형태는 촘촘하게 짜인 작은 바늘 모양의 골편* 덕분에 안정적으로 유지된다. 이 골편의 성분은 석회 또는 이산화규소(예전에는 실리카로 알려졌다)다.

심해에서 발견되는 유리해면 **모노르하피스추니**_Monorhaphis chuni_는 3미터까지 자랄 수 있다. 이것의 골편은 단 하나의 바늘로 이루어져 있다. 길지만 두께가 10밀리미터에 불과한 이 바늘은 심해의 부드러운 바닥에 고정되어 위쪽으로 높이 자란다. 이 바늘의 횡단면을 보면 나이테와 유사한 구조라는 걸 알 수 있다. 하지만 안타깝게도 실제 나이와 일치하지 않는다. 그래서 해면동물의 나이를 알아내려면 과학자들은 이 구조를 계산할 것이 아니라 다시 방사성동위원소에 집중해야 한다.

이산화규소는 규소와 산소로만 이루어졌기 때문에 방사성 탄소 연대 측정법처럼 탄소에 의존하는 방법으로는 성과를 거둘 수 없다. 그러니 ^{18}O 같은 산소동위원소도 있다는 게 얼

유리해면 모노르하피스추니는 수심 1000~2000미터 사이에 산다. 유리해면은 아주 천천히 자라며 골편은 긴 바늘 하나로 이루어져 있다. 이 골편은 1000년마다 약 140마이크로미터씩 두꺼워진다.

마나 다행인가. 대기와 물에서 가장 흔한 산소동위원소는 ^{16}O 로 구성비가 99퍼센트가 넘는다. 반면 ^{18}O은 구성비가 가장 적다. 물속에서의 ^{18}O 구성비는 물의 온도와 관련이 있기 때문에 이를 통해 수온을 추론할 수 있다. 사실 심해의 수온은 변동이 크지 않고 장기간 안정적으로 유지된다. 오늘날 심해 수온은 섭씨 4도다.

연구한 해면동물 중 가장 오래된 개체의 골편에 있는 ^{18}O 구성비를 통해 이 해면동물이 성장할 당시의 주변 수온이 대략 섭씨 2도였음을 알 수 있었다. 이 해면동물이 서식했던 동중국해 심해의 온도는 약 1만 5000년 전 마지막 빙하기가 끝날 무렵에 섭씨 2도였다. 따라서 이 해면동물의 나이는 8000살에서 1만 4000살 사이로 확인된다. 심지어 2017년에 진행된 또 다른 연구에서는 1만 7000살에서 1만 8000살로 추정되는 해면동물의 표본이 발견되었다. 해면동물과 비교하면 그린란드상어의 수명은 거의 하루살이나 다름없어 보인다.

해면동물이 인상적인 이유는 그렇게 오래 살면서 계속 나아지는 면모를 보여 준다는 점이다. 과학자들은 남태평양 환

• 무척추동물을 지지하는 바늘이나 막대 모양의 물질. 석회질, 규질 따위로 이루어져 있으며 해면동물, 자포동물 따위에 있다.

류의 해저 침전물 중심부에서 놀라운 것을 발견했다. 호주와 남아메리카 사이에 있는 이곳은 생존에 불리한 망망대해로 알려져 있다. 이곳은 먼지가 침투하거나 수위가 상승해 영양분과 미네랄이 표면으로 올라가는 경우가 발생하지 않기 때문에 플랑크톤이 있을 가능성이 비교적 낮다. 플랑크톤이 없다면 생명과 관련된 활동도 일어나기 어렵다. 대신 물은 엄청나게 맑고 숨 막힐 정도로 파랗다. 배고픈 물고기에게는 당연히 도움이 되지 않겠지만 과학자들이 관찰하기에는 좋다.

원칙적으로 해저 퇴적물에는 미생물이 매우 풍부하다. 너무나 풍부한 나머지 전 세계 미생물의 바이오매스˙ 중 최대 75퍼센트를 해저 퇴적물에서 발견할 수 있을 정도다. 그런데 미생물은 해저의 땅뿐 아니라 더 깊숙한 층에서도 살 수 있다. 이른바 심층 생물권은 오랫동안 전혀 알려지지 않았다. 1980년대 중반에야 폐기물의 최종 처리장을 조사하기 위해 시추 작업을 하다가 지층 깊은 곳에 미생물이 쌓여 있다는 사실을 발견했다. 이제 우리는 3.5킬로미터 깊이의 지층에도 생명체가 존재한다는 사실을 안다. 미생물이 극한의 생활환경에서 영양분이 부족한 상황을 어떻게 견뎌 내는가는 과학 분야에서 아직 풀리지 않은 수수께끼 중 하나다.

이 문제의 핵심에 좀 더 가까이 다가가기 위해, 과학자들은 남태평양 환류의 해저에서 작업에 쓰이던 코어드릴**을 모았다. 이 장치는 해저의 75미터까지 들어갔다. 입자는 심해에서 시간의 경과에 따라 아주 천천히 퇴적되기 때문에 75미터 깊이의 퇴적물은 1억 100만 년 전에 형성된 것이다. 이 시기는 백악기 중기로, 공룡이 아직 지구 전체를 지배하던 때다. 연구자들은 이렇게나 오랜 시간이 지난 뒤에도 미생물이 존재하는지 궁금했다. 그리고 대단히 오래된 이 퇴적물에도 박테리아가 존재한다는 사실이 밝혀졌다. 이 박테리아에 영양분을 넣고 배양하면 탄소화합물, 아미노산, 암모늄의 형태로 새롭게 소생한다. 박테리아는 영양분을 열심히 섭취할 뿐 아니라 분열하기까지 했다. 이는 미생물에게 영양분이 극도로 부족하더라도 열악한 상황을 견뎌 다시 살아날 수 있다는 것을 의미한다. 박테리아가 해저 깊숙한 곳에서도 아주 오랫동안 살아남은 비결은 신진대사를 극도로 느리게 만드는 능력 덕분이다. 해저에 사는 박테리아는 해저 위에 사는 그들의 친척보다 약 1만 배 느리게 신진대사를 할 수 있어서 에너지를 아주 많이

•　특정 지역 내에 생활하고 있는 생물의 현존량.
••　암석이나 콘크리트 구조체에 구멍을 내거나 원기둥 모양의 시험 재료를 채취하기 위한 장치.

절약한다.

또 하나의 가능성 있는 전략은 박테리아가 이른바 내생포자를 형성했다는 것이다. 많은 박테리아는 영양분이 부족한 상황처럼 불리한 조건에 놓이면 내생포자로 바뀔 수 있다. 박테리아가 포자가 되면 완전히 비활성 상태가 되고 여러 층으로 이루어진 포자 주머니는 박테리아가 휴면하는 동안 극한의 더위와 추위, 고갈, 자외선 복사, 극한의 산성도로부터 보호한다. 인간의 입장에서는 유감스럽게도 세레우스균 같은 일부 병원체가 완전한 형태로 유지되므로 충분히 가열하지 않으면 되살아나 식중독을 유발할 수 있다. 그러나 알려진 바로는 퇴적물에서 발견되는 박테리아 중 상당수는 내생포자를 형성할 능력이 없다. 그러므로 아직 알려지지 않은 완전히 다른 메커니즘이 있을지도 모른다.

✳

차가운 물, 느린 신진대사, 깊은 수면은 오래 살아남기 위한 필수 조건인 듯하다. 아주 천천히 그리고 차갑게 늙어가는 것은 다소 지루하고 불쾌하게 들리기도 한다. 아주 조그마한 해파리인 **홍해파리***Immortal jellyfish, Turritopsis dohrnii*는 그렇게 살고 싶은 마음이 없다. 홍해파리는 이탈리아와 마요르카섬을 둘러싼 따뜻한 지중해에 살고 있는데, 이곳은 독일인도 아주 편안하게 여기는 곳이다. 홍해파리는 "죽음 따위는 완전히 과대평가되었어!"라고 외치는 듯한 특별한 메커니즘을 가지고 있다. 이 메커니즘은 홍해파리를 영원히 늙지 않게 할 뿐 아니라 죽음을 튕겨 버리고 생물학적인 불사불멸을 누리게 만든다. 이 메커니즘의 작동 방식을 알기 위해서는 해파리의 생활 주기를 보다 자세히 들여다볼 필요가 있다.

해파리는 자포동물에 속한다. 우리가 알고 있는 전형적인 해파리의 모습, 즉 긴 촉수가 달린 갓 모양의 해파리는 성체 해파리로, 이를 메두사medusa라고 부른다. 메두사로 불리는 성체 해파리는 생식 활동을 하는 생의 단계에 있다. 메두사는 유성생식을 하기 위해 생식세포를 형성한다. 해파리의 성행위 자체는 전혀 흥미롭지 않다. 대체로 난자와 정자가 그냥 물속에 방출되어 수정되기 때문이다. 여기서 수정체는 플라눌라 유생*으로 자라 바닥에 가라앉고 폴립**으로 성장한다.

메두사는 자기 일을 완수해 생식 활동을 마치면 죽는다.

•   자포동물이 성체가 되기 전의 어린 새끼를 말한다.
••   자포동물 생활사의 한 시기에 나타나는 체형. 바위 따위에 붙어 생활한다.

새로 태어난 폴립은 해저에 자리를 잡고 촉수를 이용해 플랑크톤을 낚는다. 물이 따뜻해지는 봄이면 폴립은 소위 횡분열로 불리는 무성생식을 시작한다. 이는 폴립의 머리에 미니 메두사가 생기고, 잠시 후 이 메두사가 떨어져 나와 헤엄쳐 가는

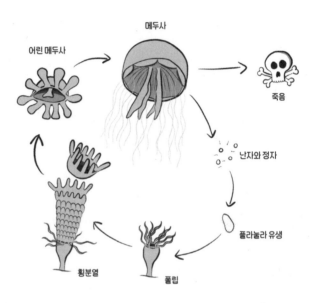

해파리의 생활 주기. 폴립은 메두사를 생성한다. 메두사가 폴립으로부터 떨어져 나오는 것을 횡분열이라고 한다. 어린 메두사는 우리가 해파리로 알고 있는 성체로 서서히 자란다. 메두사 성체는 난자와 정자를 생성한 후 죽는다. 수정란에서 플라눌라 유생이 생성되고 얼마 후 단단한 바닥으로 가라앉는다. 플라눌라 유생은 그곳에서 폴립으로 자란다.

것을 의미한다. 이제 그들은 유성생식이라는 목표를 달성하기 위해 계속 성장하고 커져야 한다. 횡분열이 진행되는 동안 폴립은 메두사를 많이 형성하는데, 이 메두사는 모두 유전적으로 동일한 클론*이다. 메두사가 분리되어 헤엄쳐 가도 폴립은 죽지 않는다. 그저 계속 여러 해에 걸쳐 새로운 해파리를 생성할 수 있다.

비범한 묘기를 부리는 홍해파리는 다른 해파리와 구별되는 생활 주기를 가졌다. 난자나 정자를 분출한 메두사가 죽지 않고 다시 폴립으로 변하는 것이다. 이는 마치 우리가 아이를 낳은 뒤에 다시 유아 상태로 돌아가는 것과 같다. 인간에게 이런 생활 주기가 별로 좋은 생존 전략이 아니겠지만 해파리에게는 매우 탁월한 전략이다. 외형이 바뀔 뿐만 아니라 세포까지 젊어지기 때문이다. 이 과정을 전환 분화라고 한다. 이 과정을 통해 자세포** 같은 특수한 세포는 다시 줄기세포로 바뀌고 이후 또다시 어떤 세포로든 원하는 대로 바뀔 수 있다. 이처럼 해파리는 퇴화를 계속할 수 있기 때문에 늙지 않고 생물학적으로 불사불멸인 것처럼 보인다. 상처를 입거나 굶주림에 시

* 단일 세포 또는 개체로부터 무성 증식으로 생긴, 유전적으로 동일한 세포군.
** 자포동물의 표피에 있는 특별한 세포. 독을 분비해 몸을 지키고 먹이를 잡는다.

달리거나 환경조건이 잘 맞지 않는다 한들, 해파리의 시간은 거꾸로 돌아가 다시 폴립 상태가 된다.

가장 오래된 홍해파리의 나이가 얼마나 될지는 알 길이 없다. 하지만 시간이 해파리가 맞서 싸워야 할 유일한 사망 원인은 아니다. 해파리의 불사불멸을 저지하는 것은 대부분 바다를 헤엄쳐 다니는 배고픈 입이다. 이들에게 천적이 없다면

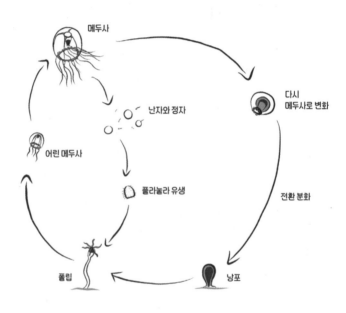

홍해파리의 끝없는 생활 주기. 메두사 성체는 너비가 겨우 0.5센티미터인 아주 작은 생명체다.

오늘날 바다는 미끌미끌한 해파리로 가득 차서 젤리가 되었을 지도 모른다.

✳

동물의 노화 또는 비노화를 연구하는 이유는 단순히 순수한 호기심이나 기네스북에 새로운 기록을 등재하기 위해서가 아니다. 이러한 연구의 이점은 앞서 설명한 지속 가능한 어획을 계획할 수 있다는 점이다. 또한 조개나 해면동물처럼 매우 오래된 생물은 시대를 증언하는 생명체로써 그것을 통해 과거를 살펴보고 당시의 환경조건을 알아낼 수 있다. 기후, 수온, 생화학적 구성은 시간이 지나면서 어떻게 변화했을까? 이 질문에 대한 해답은 아주 오래된 생물의 골격과 껍질에 숨겨져 있다. 이렇듯 고생물은 우리가 지구의 역사를 더욱 잘 이해하고 기후 변화와 그 결과를 예측하는 데 도움을 준다.

한편 성배*를 찾으려는 연구자들도 당연히 동물의 장수나 불사불멸에 특별한 관심을 기울이고 있다. 어떻게 하면 인간의 생명을 연장할 수 있을지, 혹은 적어도 젊음을 유지할 수 있

---

* 아서왕의 전설에 나오는 기적의 그릇. 영원한 생명력을 준다고 알려져 있다.

을지 말이다.

이를 위해서 먼저 우리는 도대체 왜 나이를 먹는지 이해해야 한다. 그 이유는 세포에 있다. 세포 노화에는 여러 원인이 있다. 인간의 세포는 평생에 걸쳐 다양한 스트레스에 노출된다. 이러한 스트레스는 우리의 DNA를 손상한다. 이로 인해 돌연변이가 생기거나 DNA 이중나선 구조가 파손되거나 DNA 단편이 잘못된 위치에 다시 배치될 수 있다. 그래서 세포는 이러한 스트레스에 큰 손상을 입지 않도록 DNA 복구 메커니즘을 상당수 갖추고 있다.

염색체 끝에 모자처럼 붙어 있는 DNA 조각인 말단소체 telomere의 길이에 따라 세포가 분열할 수 있는 횟수가 결정된다. 말단소체는 세포가 분열할 때마다 짧아지며 말단소체의 길이는 세포분열 횟수에 직접적인 영향을 끼친다. 이 현상을 헤이플릭 한계라고 한다. 인간의 경우 약 52차례의 세포분열이 가능하다.

줄기세포는 분열에 제한이 없다. 말단소체를 계속 재건하는 텔로머레이스 효소 덕분이다. 처음에는 멋진 말로 들리지만 만약 줄기세포가 아닌 다른 유형의 세포에서 텔로머레이스가 활성화되면 성장을 통제하지 못해 암이 유발될 수 있다. 이것은 우리가 바라는 회춘의 샘이 아니다.

세포 노화에 영향을 미치는 또 한 가지는 단백질 형성 장애다. 단백질은 서로 꼬이고 포개진 구조의 긴 아미노산 사슬이다. 이 사슬이 제대로 꼬이고 포개져야 각각의 기능을 바르게 수행할 수 있다. 알츠하이머병이나 파킨슨병 같은 노인성 질환의 경우 잘못 꼬이고 포개진 단백질이 전형적으로 나타난다.

또한 세포핵이나 미토콘드리아 같은 세포 소기관, 즉 막으로 둘러싸인 세포의 여러 부분도 노화의 영향을 받는다. 세포의 핵막에서 내막의 안쪽에 위치한 단백질 층인 핵 라미나lamina는 인간의 노화 생체 지표로 활용된다. 라미나 유전자에 돌연변이가 생기면 세포의 때 이른 노화로 이어질 수 있기 때문이다.

세포의 발전소 역할을 하는 미토콘드리아에서 생기는 오작동도 노화에 영향을 끼친다. 미토콘드리아에서 일어나는 세포호흡은* 노화 과정에도 관여한다. 세포호흡 시 활성산소종이 동시에 형성되기 때문이다. 이 산화제**는 반응성이 높으며 단

---

* 세포가 산소를 얻어 양분을 이산화탄소와 물로 분해하여 에너지를 발생하는 과정. 내호흡이라고도 한다.
** 산화 작용을 일으키는 물질.

백질, DNA, 막에 손상을 입힐 수 있다. 그래서 세포는 산화제가 끼치는 부정적인 영향을 중화하기 위해 광고에 자주 등장하는 그 유명한 항산화 물질을 필요로 한다.

마지막으로 대사, 에너지 흡수, 스트레스 반응을 조절하는 세포에서 이루어지는 신호 경로도 마찬가지로 노화에 영향을 미친다.

그린란드상어 같은 아주 오래된 동물을 훨씬 빠르게 움직이는 그들의 친척과 비교할 때 눈에 띄는 점이 있다. 그린란드상어는 DNA 복구 시스템이 훨씬 좋고 게놈 및 세포 손상도 적으며 일반적으로 산화 스트레스나 다른 세포 스트레스를 잘 대비하고 있다는 점이다. 그린란드상어의 DNA에는 노화에 대항하는 유전자가 더 많거나 노화에 더 효과적으로 대항하는 돌연변이가 있기 때문이다.

해면동물은 이러한 대항 체계를 더 잘 갖추고 있다. 해면동물에게는 이동식 줄기세포가 있는데 이 줄기세포는 해면동물의 몸속을 돌아다니며 손상된 여러 세포를 새롭게 교체한다. 그래서 해면동물은 끝없이 스스로를 치유할 수 있다. 홍해파리의 경우, 노화된 세포는 줄기세포로 바꾸고 새로운 특수 폴립 세포를 생성한다.

노화와 관련된 연구를 통해 다음과 같은 사실이 밝혀졌

다. 유기체는 단순하면 단순할수록 더 오래 살거나 스스로 회복할 수 있다는 것이다. 상식적으로 새로운 세포가 계속 형성되면 부득이하게 성장으로 이어지지만 이것이 해면동물이나 폴립에게는 문제가 되지 않는다. 해면동물은 단순히 계속 자라기만 하고, 폴립은 커지면 분열할 수 있기 때문이다.

하지만 구조가 더 복잡한 동물은 방해받지 않고 성장하기만 할 때 문제가 생긴다. 이 경우에 해당하는 잘 알려진 사례가 바로 암이다. 인간의 몸은 복잡하다. 여러 기관과 세포 유형이 있고 이것들은 다양한 임무와 특성을 지닌다. 결론적으로 모든 세포의 기능을 엄격하게 통제해야 하고, 이는 우리가 결코 빠르게 재생될 수 없음을 의미한다. 나는 재생 능력을 지닌 생물을 연구하면서 노화 과정을 전반적으로 이해하는 데 많은 도움을 받았다.

노화 과정에 대한 지식은 오늘날 여러 방면에 응용되고 있다. 이미 줄기세포 연구가 암을 정복하는 데 성과를 거두었다. 심지어 시험관 줄기세포에서 조직과 기관을 재배하는 데에도 성공했다. 이것이 언젠가는 장기 기증을 대체할 수 있을 것이다. 최근에는 노년층의 주요 실명 원인으로 꼽히는 황반변성을 줄기세포로 치료하는 임상 연구가 성공적으로 진행되고 있다. 이렇게 생명공학 분야가 발전하려면 홍해파리의 형질

변환이나 그린란드상어의 노화 지연 같은 현상의 진행 과정을 좀 더 면밀하게 연구하는 일이 중요하다. 이 생물들에게 의학 발전을 촉진할 수 있는 비밀이 숨어 있을지 아무도 모르기 때문이다. 연구를 거듭해도 인간이 실제로 죽음을 극복할 날이 올 것 같지는 않다. 하지만 여러 영화와 책에서 배우지 않았는가. 영생은 경우에 따라서 축복이 아니라 오히려 저주라는 것을.

4

돌고래의 언어
소통

일찍이 고대 그리스인은 돌고래에게 매혹되었다. 이를 증명하듯, 고대 그리스 신화에서 해양 포유동물은 유사시 구원자로 등장하는 경우가 많다. 돌고래는 로마인에게도 인기가 있었다. 플리니우스Gaius Plinius Secundus는 서기 1세기에 저서 《플리니우스 박물지》에서 돌고래에 대해 쓴 적이 있다. 이 책을 보면 당시 돌고래는 초자연적인 수준의 평판을 얻고 있었다. 플리니우스는 돌고래가 세상에서 가장 빠른 동물이며 심지어 배도 뛰어넘을 수 있다고 썼다. 폭풍우를 예측하고 음악에 맞춰 춤을 출 정도로 음악을 사랑한다고 했다. 그는 나일강에서 악어와 싸운 돌고래들에 대해서도 이야기했다. 아주 날카로운 등지느러미로 악어의 복부를 베었다는 일화다. 또한 그는 로마

판 〈돌고래 플리퍼〉라 할 수 있는, 소년과 돌고래 사이의 친밀한 우정 이야기도 썼다.

중세 유럽인도 돌고래에게 마음을 뺏겼다. 대부분이 돌고래를 직접 목격한 적이 없는데도 말이다. 이는 알브레히트 뒤러Albrecht Dürer가 1514년경에 그린 〈돌고래가 구조한 아리온Arion wird von einem delphin gerettet〉 같은 예술 작품처럼 돌고래를 알아보기 어렵게 묘사하는 일로 이어진다. 시인 아리온이 올라탄 돌고래는 마치 인어와 오크 사이에서 나온 자식처럼 생겼다. 이 돌고래는 거대한 어금니와 비늘이 있으며 머리와 꼬리지느러미에는 덥수룩한 털가죽이 있었다. 돌고래를 직접 본 적이 없는 상태로 선원들의 모험담에만 의지하는데 어쩔 도리가 있을까? 심지어 벤저민 프랭클린Benjamin Franklin도 영국에서 미국으로 건너갈 때 처음 돌고래를 보고 깜짝 놀랐다. 그림에서 본 돌고래는 항상 흉측한 괴물처럼 보였는데 실제로는 아주 매력적이고 비단결 같은 피부를 가진 동물이었기 때문이다.

벤저민 프랭클린이 탄 배의 승무원은 그에게 상당히 기이한 이야기를 들려주었다. 돌고래는 너무나 아름답고 먹음직스러워 보여서 임신부가 돌고래를 본다면 그 즉시 먹어 치우고 싶겠지만, 돌고래는 공해에서만 포획하고 먹을 수 있기 때문에 배에 오른 불운한 여성들은 돌고래 고기를 먹을 수 없다는 것이다. 또 그는 예술가들이 충족되지 못한 욕망을 달래기 위해 돌고래를 그릴 때 일부러 몹시 흉하게 묘사했다고 말했다. 이 얼마나 사심 없는 행위란 말인가. 그러니 어떤 여자가 당장 돌고래 고기를 먹고 싶은 욕구를 참을 수 없다면 아마도 임신 테스트를 할 때가 아닌가 싶다.

오늘날 돌고래는 현명하고 지능이 높으며 글자 그대로 매우 쾌활한 해양 생물로 명성이 높다. 이러한 명성은 존 커닝햄 릴리John Cunningham Lilly 덕분이다. 릴리는 미국 국립 정신 건강 연구소에서 활동한 신경생리학자로 1950년대에 돌고래 연구를 시작했다. 원래 그는 인간의 뇌에 대한 비밀을 밝히기 위해 동물의 뇌를 연구하고 있었다. 연구를 진행하던 어느 날, 릴리의 아내 안토니에타는 돌고래가 숨구멍을 통해 인간의 언어를 흉내 낸다는 사실을 알아차렸다. 릴리는 자신의 연구와 안토니에타의 관찰을 바탕으로 돌고래의 지능이 뛰어나다고 확신했고 야심찬 목표를 세웠다. 돌고래에게 영어를 가르쳐 인간과 의사소통할 수 있게 만들겠다는 목표였다.

이를 위해 릴리는 기꺼이 후원자를 찾아 나섰다. 나사NASA는 릴리의 연구를 앞으로 있을지도 모를 외계 생명체와의 접촉을 위한 모델로 쓰고 싶어 했다. 릴리는 나사에게 받은 후원금으로 악명 높은 돌고래 집을 지었다. 이 돌고래 집은 카리브해 세인트토머스섬 외딴곳에 있는 해변에 위치했다. 1층에는 바위를 폭파해 만든 돌고래 수조가 붙어 있었다. 이 수조에 **큰돌고래**<i>Tursiops truncatus</i> 세 마리가 살았다. 돌고래 연구는 대부분 큰돌고래를 대상으로 진행된다. 릴리의 실험동물은 암컷 돌고래인 시시와 파멜라, 수컷인 피터였다.

돌고래 조련사 마거릿 하우 로바트Margaret Howe Lovatt는 피터에게 인간의 언어를 가르치고 싶었고 좀 더 효과적으로 작업하기 위해 피터와 온종일 함께 지내기로 결심했다. 이를 위해 돌고래 집 1층을 봉쇄하고 물을 무릎 깊이까지 채웠다. 피터는 승강기를 타고 돌고래 수조에서 인간 거주 구역으로 갔다가 다시 돌아올 수 있었다. 그렇게 피터와 마거릿은 몇 달을 함께 지내며 학습하고 휴식했다. 이때 피터와 마거릿은 친밀한 관계로 발전했다. 보고서에는 이 관계가 사랑이라고 종종 언급된다. 하지만 문제가 한 가지 있었다. 수컷 돌고래는 성욕이 매우 강하다는 점이다. 돌고래도 인간처럼 자위행위를 한다. 동족은 물론 죽은 물고기, 심지어 인간에게까지 종을 가리지 않고 몸을 비벼 댄다. 피터는 성욕이 달아오른 상태에서는 집중력도 저하되고 제대로 학습할 수도 없었다. 마거릿은 언어 수업을 계속 진행하기 위해 글자 그대로 손을 빌려주었다. 언론은 마거릿이 돌고래를 성적으로 만족시킨 사실만 집중적으로 부각해 보도했고, 이 실험의 흥미로운 부분인 언어 학습은 뒷전으로 밀려나고 말았다.

마거릿이 헌신과 희생을 아끼지 않았음에도 피터의 언어 능력은 그다지 진전을 이루지 못했다. 마거릿이 "안녕하세요"나 "하나, 둘, 셋"이라고 말하면 피터는 숨구멍으로 이를 흉내 내기는 했지만 이 단어를 진정으로 이해했다거나 의사를 표현하기 위해 의도적으로 단어를 사용한 것처럼 보이지는 않았다. 피터가 만들어 내는 소음은 마치 인간이 입안에 물을 가득 머금고 목을 헹구며 말하는 듯해 정확한 발음이라고 생각할 수 없었다.

릴리의 동료들도 서서히 돌고래에게 언어를 가르치는 일을 비판적으로 여기기 시작했다. 피터는 인간의 언어로 의사소통할 수 없었고, 동료들은 돌고래 그들의 언어를 연구하는 것이 올바른 길이라고 결론 내렸다. 시간이 지나면서 후원자들까지 릴리를 외면했다. 연구 진행 속도가 너무 느렸기 때문이다. 릴리는 프로젝트를 빨리 진행하려는 생각을 포기했고, 마거릿과 동료들이 엄청나게 반대했음에도 불구하고 돌고래들에게 엘에스디LSD를 주입했다. 어찌 되었든 프로젝트를 계속 진행하려는 의지로 이런 짓을 했지만 돌고래는 마약에 전혀 반응을 보이지 않았다. 얼마 지나지 않아 돌고래 집은 폐쇄되었고 피터는 릴리의 개인 실험실로 옮겨졌다.

비극적이게도 몇 주 뒤 피터는 그곳에서 자살했다. 돌고래는 인간과는 달리 호흡 반사가 없어서 의식적으로 호흡해야 한다. 그래서 돌고래는 스스로 호흡을 멈추고 질식할 수 있다. 피터가 새 실험실의 열악한 환경 때문에 스스로 목숨을 끊었는지(그곳은 최소한만 움직일 수 있을 정도로 아주 좁았다), 아니면 마거릿과 헤어져 상사병에 걸려 죽었는지는 의견이 분분할 수 있다. 그러나 실제로는 다른 돌고래와 범고래에게서도 자살 행동을 관찰할 수 있었다. 다행히 이러한 관찰은 해양 포유동물 사육에 대해 사회적 재고가 더 많이 필요하다는 인식으로 이어졌다.

릴리는 피터가 자살한 뒤 더 이상 돌고래 연구를 하지 않았고 엘에스디와 케타민 같은 약물을 통한 의식 확장에 전념했다. 그는 말년이 되자 매우 반성하며 과거에 한 실험을 후회했다. 다시 돌아온 릴리는 생을 마칠 때까지 돌고래 연구에 열정적으로 몰두했다. 경력 말기에 뉴에이지 구루로 변신한 것을 제외하면 릴리는 독보적으로 해양 포유동물의 언어 연구를 촉진했다.

1960년대에는 동물의 언어가 주요 연구 주제로 떠올랐다. 특히 원숭이에게 인간의 언어, 대개는 영어를 가르치려는 시도가 있었다. 하지만 원숭이는 해부학 구조상 인간의 언어를 단순히 모방하는 것조차 불가능했다. 그래서 임시변통으로 수화나, 사람이 쓰는 단어를 표시한 특수 키보드를 활용했다. 일부 과학자는 이러한 보조 수단을 이용해 훈련받은 원숭이와 의사소통할 수 있었다. 그렇지만 이 방법이 항상 환영받는 건 아니었는데, 급기야 과학계에 커다란 논쟁을 일으켰다. 이는 코페르니쿠스, 갈릴레이, 다윈을 돌이켜 보면 그리 놀랄 만한 일은 아니다. 인간을 우주의 중심에서 밀어내는 이론이나 언어처럼 인간의 특수한 능력에서 매력을 제거하는 이론은 항상 비판의 대상이 되었고 시간이 지난 뒤에야 받아들여졌다.

동물의 언어라는 연구 주제에 대한 논쟁은 1980년대 뉴욕에서 열린 회의에서 정점을 찍는다. 이 회의에는 언어학자, 심리학자, 소수의 동물 언어학자, 마술사가 참석했다. 지금 제대로 읽은 게 맞다. 진짜로 마술사도 참석했다. 이 회의에서 가장 중요한 사안은 오로지 동물 언어학자들끼리 여러 해 동안 진행한 연구가 완전히 터무니없는 짓이었음을 보여 주는 것이었다.

이에 대해서는 말 한 마리가 결정적인 역할을 했다. 당시 영리한 한스라 불린 아주 유명한 말이다. 한스는 숫자를 계산하는 재능으로 세상을 깜짝 놀라게 했다. 한스의 주인이 "2 더

하기 3은 무엇이니?"하고 수학 문제를 내면 한스는 발굽으로 땅을 다섯 번 긁었다. 그러나 훗날 심리학자들은 이 놀라운 말에게 찬물을 끼얹었다. 그들은 한스의 주인이 무의식적으로 신호를 보내는 것을 발견했다. 말이 발굽을 긁는 횟수가 정답에 도달하자마자 주인이 미세하게 고개를 끄덕인 것이다. 한스는 주인이 고개를 끄떡이는 것을 보고 발굽을 멈추었다. 한스의 주인은 자신이 고개를 끄덕인다는 사실을 인지하지 못했고 청중조차 이 신호를 보지 못했다. 고개를 끄떡이는 움직임이 1밀리미터 미만이었기 때문이다. 그러나 한스는 이 미세한 움직임까지도 파악했다. 한스의 비밀이 밝혀지자 과학계 전체가 무너졌다.

그래서 뉴욕에서 열린 회의는 동물 언어학자들이 마술사의 도움을 받아 동물과의 의사소통은 오로지 무의식적인 신호를 보내야만 가능하며, 실제로 대화는 절대 일어나지 않는다는 사실을 이해하는 자리가 되었다. 한스의 경우처럼 말이다. 원숭이가 얼룩말을 보고 '백호'라는 단어를, 백조를 보고 '물새'라는 단어를 창조했다는 주장은 그저 우연으로 치부되었다. 책임이 있는 과학자들은 자기 제자의 능력을 과대평가했다는 비판을 받았다. 회의는 거친 말다툼으로 끝났다.

회의가 끝난 뒤 동물 언어학자 두 명이 참석한 기자회견

현장 역시 소란스러웠는데, 그들은 자신의 실험동물에게 무의식중에 영향을 끼쳤을 뿐 아니라 연구 자금이나 개인적인 명성을 얻기 위해 연구 결과를 조작했다는 비난을 받았다. 이 진흙탕 싸움 덕분에 비인간 언어 연구에 대한 후원금이 대폭 줄었고 아예 끊기기도 했다. 일반 대중 사이에서 급부상한 동물 보호 운동도 전혀 도움이 되지 않았다. 동물 보호론자들이 동물을 감금하고 실험하는 일을 날카롭게 비판했기 때문이다. 이 때문에 1980년대에 동물의 언어 연구는 하강 국면이기는 했지만 그때까지 축적된 지식 덕분에 처음으로 언어 진화에 대해 통찰할 수 있었다. 예를 들어 동물 언어 연구 초기에는 수화에 대한 이해도가 높아졌다. 이는 자폐 아동이나 언어장애 아동을 위한 언어 교육법이 발전하는 데 기여했다. 오늘날에도 동물 언어 연구에 전념하는 과학자들이 있다. 그들은 지금도 지능이 높은 동물로 알려진 돌고래에 관심을 쏟는다.

※

돌고래가 지구에서 가장 지능이 높은 동물로 자주 언급되는 데는 여러 이유가 있다. 하지만 이 맥락에서 '지능'이라는 단어는 문제가 있다. 인간의 경우조차 지능을 형성하는 것이 과연 무엇인지에 대해 의견이 분분하다. 또 이 지능이라는 명칭은 인간끼리의 비교를 내포하므로 인간과 동일한 능력을 보이는 동물에게만 존재한다고 간주한다. 그러나 인간과 다른 동물은 생활공간이나 생활 방식이 서로 다르고 무언가를 인식하거나 능력을 발휘하는 방법도 다르다. 그렇기 때문에 지능은 인간과 동물을 떼어 놓고 보아야 할 개념이다. 이런 이유로 이 문제에는 다음과 같은 격언이 그런대로 잘 어울릴 것이다. "나무에 얼마나 잘 기어오르는지를 기준으로 물고기를 판단하면 안 된다." 예를 들어 고래목은 5000만 년 전에 육지와는 너무나 다른 매개물인 바다로 다시 돌아갔다. 그래서 진화생물학적으로 고래목은 육지에 남은 인간과 아주 다르게 진화했다.

따라서 과학자들은 지능보다는 인지능력을 다루는 것을 훨씬 선호한다. 인지능력에는 특히 문제 해결 능력, 학습 능력, 기억력, 사회적 이해도, 공감, 개념 이해, 인지적 유연성 등이 포함된다. 더욱이 **이빨고래류***Odontoceti*의 아목에 속하는 돌고래는 놀랍게도 이빨이 있어서 인지능력이 높다고 간주된다. 이 밖에도 돌고래의 인지능력이 높은 여러 요인이 있다.

돌고래는 체중 대비 뇌의 크기가 동물계에서 인간 다음으로 크다. 또 돌고래의 뇌는 인간의 뇌와 비교해 주름이 2배나 더 많아 표면적이 훨씬 넓을 뿐 아니라 뉴런과 신경교세포 농도도 인간보다 3배 높다. 하지만 어느 생물의 인지능력을 오로지 뇌의 크기와 세포 수만 보고 가늠할 수 없다는 사실이 밝혀졌다. 뇌의 각 영역을 면밀하게 살피는 것이 훨씬 의미 있다.

돌고래의 뇌는 대뇌피질의 한 부분인 신피질이 절대다수를 차지한다. 신피질은 청각과 소리 생성에 특화되었고 이것이 돌고래의 삶에 중요한 역할을 한다. 또한 대뇌신피질과 전대상피질 같은 영역도 확대되어 있다. 이 영역은 상상력을 담당해, 행동이나 반응을 미리 헤아려 예측함은 물론 다른 이의 감정에 공감하고 이입하는 역할을 한다고 추정된다. 이 모든 특성은 복잡한 네트워크 사회에서 살아가는 생물에게 꼭 필요하고 매우 중요하다.

그 밖에도 돌고래는 자신을 하나의 개체로 인식할 수 있다. 정말 그럴 수 있는지 알아보기 위해 형제 돌고래 두 마리로 거울 실험을 진행했다. 거울 실험은 1980년대에 침팬지와 고릴라를 대상으로 진행되기도 했다. 수조에 거울을 설치하고 두 돌고래가 보이는 반응을 관찰했다. 거울을 무시할까? 아니면 거울을 들여다볼까? 거울 앞에서 빙글빙글 돌까? 아니면 거울 앞에서 소리를 지를까? 돌고래는 앞에 열거한 행동을 모조리 했다.

두 돌고래가 며칠 동안 거울에 익숙해지자 이번에는 거울의 한 측면을 하얀색 산화아연으로 표시했다. 산화아연은 끈적끈적한 자연의 선크림으로 알려져 있다. 효과가 엄청나게 좋으면서도 무독성이라 인간과 자연에 해를 끼치지 않는다. 그러나 산화아연은 인기 상품이 되기에는 모양새가 최신 트렌드와 썩 어울리지 않는다. 산화아연을 표시한 이유는 돌고래의 트렌드 감각을 시험하기 위해서는 아니었다. 침팬지와 고릴라가 그랬듯이 돌고래도 성가셔 하는 반응을 보일 것으로 추측했다. 그런데 거울 실험의 결과는 의외였다. 두 돌고래는 거울에 비친 자기 모습을 인식했다는 걸 암시하는 반응을 보이기는 했다. 예를 들어 입을 벌린 채 자기 모습을 검사하거나, 거울 가까이에서 헤엄치며 자신의 눈을 관찰했다. 형제 중 한 마리는 거울을 이용해 놀았다. 입으로 거품을 뿜고 거울로 자신의 위치를 확인한 다음 주둥이로 다시 거품을 잡았다. 이뿐 아니라 두 돌고래가 성적 행동을 하는 횟수가 갑자기 증가했는데, 이러한 행위는 주로 거울 앞에서 거리낌 없이 나타났다. 이들은 아기 돼지 형제처럼 열심히 뛰놀면서도 하얀색 표시에는 거의 주목하지 않았다. 조련사가 천으로 산화아연을 문질러 없애자 비로소 돌고래들은 초조한 기색으로 거울이 닦이는 모습을 관찰했다. 상황이 이러니 돌고래 실험은 덧없는 것일까?

새끼 돌고래 두 마리를 대상으로 진행한 또 다른 실험에서는 이들이 생후 7개월부터 거울에 비친 자기 모습을 알아보는 것으로 드러났다. 인간은 생후 1년이 된 뒤에야 거울에 비친 자기 모습을 의식한다. 물론 인간이 자신을 인식하는 방식을 돌고래에게 그대로 적용할 수 있는지 의문을 품어야 한다. 돌고래는 예를 들어 반향정위echolocation 같은 감각도 사용한다. 반향정위에 대해서는 나중에 다시 다룰 것이다. 이러한 감각은 결국 돌고래에게 인간과 완전히 다른 영향을 끼친다.

인지능력이 높은 것으로 알려진 포유류인 돌고래의 또 다른 능력은 바로 도구를 사용할 줄 안다는 것이다. 물론 인간만큼 복잡한 방식으로 사용하는 것은 아니다. 인간은 엄지손가락이 있으니 우위에 있는 게 분명하다! 하지만 돌고래는 아주 창의적인 방식으로 도구를 활용한다. 호주 샤크 베이에 서식하는 큰돌고래는 해면동물을 이용해 모래로 뒤덮인 해저를 샅샅이 파헤쳐 먹이를 찾는다. 모래 속에 몸을 숨긴 물고기를 잡고 아주 새로운 뷔페를 즐긴다. 이때 해면동물은 큰돌고래의 몸을 막아 줄 것이다. 그 덕분에 큰돌고래는 민감한 주둥이를 바닥에 부딪치거나 쏘이거나 물리지 않는다. 아마도 큰돌고래는 해면동물의 도움으로 바닥을 더 많이 파헤칠 수 있을 것이다. 이러한 행동은 새끼 시절 어미에게 배우지만 모든 큰돌고래가 어른이 되어서도 이 행동을 유지하지는 않는다. 우리가 관심사가 비슷한 사람들과 함께 시간을 보내는 것처럼, 돌고래도 해면동물을 이용하는 무리를 발견하는 것이 그런 행동을 버린 돌고래를 발견할 가능성보다 훨씬 높다.

BBC 다큐멘터리 〈돌고래와 말을 한 여자The girl who talked to dolphins〉를 보면 젊은 수컷 돌고래 무리가 독이 있는 복어를 마치 마리화나처럼 조심스럽게 물어뜯은 다음, 배를 잔뜩 부풀린 복어를 동료 돌고래에게 넘겨주는 장면이 나온다. 그런 다음 돌고래 무리는 몽롱한 상태에 빠져 눈을 게슴츠레하게 뜨고 수면에 반사되는 자신의 모습을 즐겁게 바라본다. 돌고래가 실제로 복어의 독을 남용하는지, 그저 복어를 노리개로 삼는지는 아직 과학적으로 밝혀지지 않았다. 독자 여러분의 판단에 맡기겠다.

주목해야 할 돌고래의 특성이 또 있다. 바로 인공 언어를 습득할 수 있다는 사실이다. 피닉스와 아케라는 암컷 돌고래 두 마리를 장기간 연구한 결과, 돌고래도 수화를 배울 수 있다는 사실이 밝혀졌다. 돌고래는 특정 사물이나 행동을 보고 이에 해당하는 표시를 연결할 수 있을 뿐만 아니라 문법에 따른 단어의 조합도 이해할 수 있다. 이를 명확하게 설명하면 다음과 같다. 'BALL(공)+BRING(가져오다)+KORB(바구니)'라는 단어의 나열을 돌고래에게 보여 준다. 이는 공을 바구니로 가져오라는 뜻이다. 그리고 단어의 순서를 바꿔서 'KORB(바구니)+BRING(가져오다)+BALL(공)'을 보여 준다. 이는 정반대로 바구니를 공으로 가져오라는 뜻이다. 결과적으로 돌고래들은 30개의 단어를 이해했고 최대 5개 단어, 총 2700개의 문장을 구성할 수 있게 되었다. 또한 새로 만들어 낸 문장에 정확히 반응하거나 문법적으로 잘못된 문장을 해독할 수 있었다. 돌고래들은 단어의 개념을 한층 더 이해했는데, 예를 들어 다른 모양의 새로운 공이나 고리를 수조에 넣어 주면 돌고래들은 즉시 이 물체가 'BALL(공)'이나 'RING(고리)'의 수신호 의미에 해당한다는 사실을 파악했다. 돌고래는 단어의 개념은 물론 어순까지 이해하고 재편성까지 할 수 있다.

마지막으로 가장 중요한 주제가 있다. 바로 돌고래끼리의 소통 언어다. 돌고래의 구두 의사소통은 두 가지 유형으로 나뉜다. 첫 번째는 여러모로 잘 알려진 휘파람 소리다. 이 소리는 오로지 무리 내부에서 사회적인 의사소통 용도로만 사용되는데, 최대 10킬로미터 떨어진 곳에서도 의사소통이 가능하다. 휘파람은 2~3만 5000헤르츠의 주파수 범위에서 발생하는데, 이는 인간도 들을 수 있는 범위다. 그래서 우리는 이 소리를 고전적인 돌고래의 소리로 알고 있다.

두 번째는 흡착음이다. 흡착음은 초음파로, 2만 헤르츠에서 초음파 범위인 30만 헤르츠 이상까지 움직일 수 있다. 인간이 들을 수 있는 범위 밖이지만 사실 일부는 들을 수 있다. 인간에게는 종종 딱따구리가 나무를 두들기는 소리, 문이 삐걱거리는 소리처럼 들린다. 이 흡착음은 반향이 일어난 위치를 확인하거나 사냥, 장소 지정, 물체 확인에 활용된다. 특히 돌고래는 물체를 확인하기 위해서 규칙적으로 음파를 쏜다. 돌고래는 물체가 반사하고 되돌아온 음파를 해석한다. 흡착음은 파장이 짧기 때문에 물속에서는 멀리 나갈 수 없어 수심 5~200미터에서 사용된다. 하지만 흡착음은 아주 높은 해상도를 제공하므로 주변 환경을 예리하게 볼 수 있다. 돌고래는 흡착음을 사용해 물체의 크기, 형태, 속도, 물체와의 거리는 물론 그것의 특성까지 측정할 수 있다. 또한 물고기를 묶어 일시적으로 마비시킬 수도 있다. 돌고래는 12~30만 헤르츠 범위의 소리를 생성하지만 800~10만 헤르츠 범위 내에서만 들을 수 있다. 돌고래는 특수한 감각기관인 부리주둥으로 이 범위 밖의 음파를 감지할 수 있다. 부리주둥이는 주둥이의 전체 길이에 걸쳐 달려 있다. 돌고래는 이 부분이 매우 민감해서 물이 흐리더라도 반향의 위치를 확인하면 돌 위에 놓인 작은 동전도 찾을 수 있다.

흡착음이 압축된 충격파로 방출되는 현상을 버스트 펄스 burst pulse라고 한다. 즉 각 흡착음 사이의 휴지 기간이 최소화된 상태에서 방출되는 것으로, 흡착음의 특성을 잃게 되어 들리는 소리로 변한다. 개인적으로 이 소리는 분통을 터뜨리는 도널드덕 캐릭터나 시끄럽게 삑삑대는 강아지 장난감을 떠올리게 한다. 버스트 펄스는 종종 동족과 매우 가까이 있거나 신체 접촉을 할 때 방출되며, 짝짓기나 어린 새끼를 훈련하는 등의 사회적 의사소통을 할 때 이용된다. 아마 복어를 너무 많이 핥을 때도 나타나지 않을까?

이처럼 돌고래의 구두 의사소통은 매우 광범위하게 이루어진다. 게다가 휘파람 소리와 흡착음이 동시에 생성될 수 있기 때문에 훨씬 복잡한 양상을 보인다. 이는 돌고래가 내는 소리가 여러 기관에서 발생한다는 사실을 암시한다. 돌고래는 성대가 없기 때문에 인간과 다른 방식으로 소리를 낸다. 돌고래의 후두는 닫힌 상태를 유지해야 한다. 그러지 않으면 물이 폐로 침투할 수 있는데 그렇게 되면 살아가는 데 매우 불편해진다. 그래서 돌고래는 코에서 소리를 만들어 낸다. 이를 위해 코 안에는 성대와 유사한 기관이 있다. 이 기관은 그 모양 때문에 원숭이의 입술이라고도 불린다. 이 기관은 기능 면에서 인간의 성대와 크게 다르지 않다. 우리가 입을 움직여 소리를 바꿀 수 있는 것처럼 콧길에 있는 근육은 돌고래가 소리를 구성하는 데 도움을 준다. 덧붙이면 돌고래의 코는 수백만 년에 걸쳐 숨구멍으로 완전히 진화했다. 휘파람은 왼쪽 콧길에서 발생하고, 흡착음은 오른쪽 콧길에서 생성되는 것으로 추정된다. 하지만 오늘날까지도 돌고래의 소리가 실제로 어떤 과정을 거쳐 발생하는지는 정확히 규명되지 않았다.

최근 들어 돌고래가 최대 네 가지 소리를 동시에 낼 수 있다는 사실이 밝혀졌다. 또한 이 소리들을 서로 조합할 수도 있다. 이 말은 돌고래가 최대 1조 개의 단어를 갖출 수 있다는 것을 의미한다. 이에 비하면 영어 단어는 우습게도 100만 개밖에 되지 않는다. 돌고래의 언어에 관한 연구는 지금까지 주로 휘파람에만 국한되었다. 하지만 아직까지도 신뢰할 만하고 감당할 만한 통찰은 전혀 얻지 못한 것이나 다름없다.

우리가 알고 있는 몇 가지 사실 중 하나는, 돌고래에게 이른바 서명 휘파람signature whistle으로 통하는 이름이 있다는 것이다. 어린 돌고래는 생후 첫 달에 스스로 자기 이름을 짓는다. 이를 위해 어린 돌고래는 자기만의 서명 휘파람을 만들 때까지 자신의 활동지에서 휘파람을 배우고 다른 돌고래의 것을 모방하고 변경한다. 일단 서명 휘파람을 한번 만들면 평생 간직한다. 그리고 상대방에게 자신을 소개하거나 말을 걸 때 사용한다. 각 돌고래의 서명 휘파람은 유일무이하다. 어느 과학자는 포획된 돌고래를 대상으로 서명 휘파람 실험을 진행했다. 이 실험 돌고래들은 번식 목적으로 여러 수족관을 두루 옮겨 다닌 돌고래들이었는데, 이들이 예전에 짝짓기한 돌고래의 서명 휘파람을 기억하는지 테스트한 것이다. 녹음된 휘파람 소리를 수중 확성기로 돌고래들에게 들려주고 반응을 분석했더니 실제로 돌고래는 수십 년이 지난 뒤에도 여전히 서로를 기억했고, 적어도 다른 돌고래의 이름을 기억해 냈다.

인간을 제외한 생명체에게 이런 장기 기억력이 있다는 사실은 역사상 처음 입증된 것이었다. 진화생물학 관점에서 보면 장기 기억은 돌고래에게 커다란 의미가 있다. 돌고래는 고정된 집단 또는 다른 돌고래 떼와 계속 섞이는 무리에서 산다. 그래서 누가 자신에게 호의적인지 아닌지를 기억해 두는 것이 확실히 이점이 된다. 자기 엄마가 누구인지 정확하게 아는 것 역시 동종 교배를 피하는 데 도움이 된다. 돌고래는 소리를 다양한 음색으로 내지는 않는데, 이는 돌고래가 음향학적 차원에서는 서로를 구별하지 못한다는 의미다. 따라서 지금 자기와 즐겁게 이야기하는 상대가 누구인지 정확하게 알려면 각자의 서명 휘파람이 꼭 필요하다.

서명 휘파람을 제외하면 돌고래의 언어에 대해 우리가 아는 것은 거의 없다. 돌고래 언어 연구는 믿기 힘들 정도로 비용이 많이 들기 때문이다. 과학자 데니스 헤르징Denise Herzing과 그가 이끄는 팀은 수십 년간 이 주제를 연구하고 있다. 그들은 30년이 넘는 세월 동안 바하마군도 인근에 서식하는 야생 **대서양알락돌고래**Stenella frontalis의 군락에서 데이터를 수집하고 있다.

바하마군도의 주변 바닷속은 아주 맑고 깨끗해서 비디오와 오디오를 기록하기에 완벽한 조건을 갖추었다. 물속 소리를 녹음할 수 있는 수중 카메라, 하이드로폰만 있으면 자연환경

대서양알락돌고래는 두드러지게 눈에 띄는 반점 때문에 대서양점박이돌고래라고도 불린다. 반점은 나이를 먹어 가면서 나타나고 과학자들이 각각의 돌고래를 구별하는 데 도움을 준다. 대서양알락돌고래는 최대 2.5미터까지 자랄 수 있는데, 이는 4미터까지 자랄 수 있는 큰돌고래보다는 작은 수치다.

에서 야생 돌고래의 의사소통과 행동을 분석할 수 있다. 한편으로는 소나그램으로 소음을 분석한다. 소나그램은 시간과 주파수가 기록된다. y축에는 소음의 주파수 범위, x축에는 소음의 지속 시간이 표시되고 그래프 선의 굵기는 음량으로 표시된다. 그래서 인간이 인지하지 못하는 주파수 소리도 시각화할 수 있다. 휘파람, 꽥꽥 우는 소리, 흡착음, 버스트 펄스 같은 여러 소리 간의 차이를 소나그램에서 분명히 파악할 수 있다.

이 소나그램은 행동과 소리가 서로 연결될 수 있도록 비디오 자료와 함께 평가한다. 각각의 소리가 어떤 행동을 할 때 나오는지가 주된 관심사다. 두 수컷이 꽥꽥대는 특정한 소리를 주고받은 뒤에 공격적인 행동이 이어진다면 이 소리를 공격성과 관련된 언어로 표시한다. 어미와 새끼가 재회할 때 휘파람 소리를 내면 환영 인사를 나타내는 언어로 표시한다.

1시간 분량의 비디오 자료를 분석하는 데에는 비용이 매우 많이 들고 작업 시간도 10시간은 금방 지나가기 일쑤다. 그래서 과학자들이 평가를 신속하게 하지 못하더라도 전혀 놀라운 일이 아니다. 이때 최신 과학기술이 제 역할을 한다. 헤르징의 연구팀은 최근 딥 러닝 기법을 활용해 비디오와 소나그램을 자동으로 평가한다. 이때 알고리즘은 인간이 큐레이션한 데이터 세트의 도움을 받아서, 거두어들인 데이터의 패턴을 인식하고 주석을 달도록 훈련받는다. 그 결과 마침내 컴퓨터가 연구 작업을 넘겨받을 수 있게 된다. 예전에는 손으로 직접 달았던 주석 작업이 훨씬 쉬워지고, 무엇보다도 속도가 빨라진 것이다. 헤르징의 연구팀은 지난 30년 동안 모은 방대한 데이

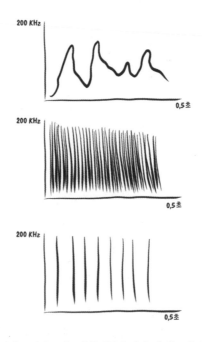

돌고래가 내는 여러 소리가 소나그램에 기록된 예시. 맨 위 그래프는 휘파람, 중간은 버스트 펄스, 맨 아래는 흡착음이다. y축은 주파수, x축은 시간, 선 굵기는 음량을 반영한다.

터를 평가할 뿐만 아니라 예전에는 지나쳤을지도 모를 음렬에서 새로운 패턴을 찾을 수 있게 되었다. 그들의 노고가 처음으로 성공을 거두자 딥 러닝이 확실히 효과가 있다는 사실이 드러났다. 이를 통해 돌고래 연구에 흥미롭고도 전도유망한 발전의 길이 새롭게 열렸다.

연구자들은 돌고래를 관찰할 뿐만 아니라 돌고래와 적극적으로 의사소통을 시도한다. 돌고래가 쉽게 모방할 수 있는 인공 휘파람 소리의 도움으로 말이다. 이러한 의사소통을 하기 위해 컴퓨터 전문가와 함께 이른바 챗CHAT, Cetacean hearing and telemetry을 설계했다. 챗은 목에 거는 동시통역기로, 착용자가 이것을 가볍게 두드리면 휘파람 소리가 울려 퍼진다. 이 휘파람 소리는 스카프나 해초 조각처럼 돌고래에게 제공되는 특정 장난감을 지칭한다. 이뿐만 아니라 챗은 돌고래가 내는 소리를 영어로 번역해 줄 수 있다. 돌고래가 스카프에 해당하는 휘파람 소리를 흉내 내면 챗을 착용한 사람의 헤드폰에 스카프라는 단어가 들린다. 돌고래가 이러한 명칭을 이해한 다음에 각 명칭에 해당하는 소리를 모방하면서 장난감을 달라고 요구하는 게 연구원들의 희망 사항이었다. 돌고래가 흥미롭게 사람이나 사물의 명칭을 배우도록 말이다. 한 번에 제대로 배울 수도 있지만 우연에 불과할 수도 있다. 그래서 연구원들은 다양한 방향에서 소리를 내는 놀이를 몇 가지 마련해 두고 있다.

한편 최근에는 인공지능을 이용해 음성 인식과 번역을 전문적으로 다루는 스타트업이 대세다. 이 스타트업들은 돌고래의 언어를 해독하는 작업도 하고 있다. 따라서 향후 몇 년간 동물의 언어 연구 분야의 상황이 다시 흥미로워질 것이다.

인간은 몇십 년 동안 동물의 언어를 연구했지만 별다른 진전을 이루지 못했다. 그 이유는 간단하다. 알려지지 않은 유형의 의사소통을 이해하기란 절대 쉽지 않기 때문이다. 상황을 바꿔서 돌고래가 나를 관찰한다고 가정해 보자. 지극히 평범한 어느 날 돌고래가 나를 관찰한다. 돌고래는 내가 동거인과 무슨 대화를 나누고 어떻게 소통하는지 보고 듣는다. 그런 다음에는 컴퓨터를 이용해 나를 관찰한다. 나는 이메일을 작성하면서 욕을 해댄다. 인터넷이 너무 느리기 때문이다. 때때로 나는 연필을 쥐고 종이에 무언가를 적는다. 나는 무언가를 프린터로 출력한다. 아니, 출력하려고 애를 쓴다고 하는 게 낫겠다. 프린터의 의지가 내 의지를 능가할 때가 너무나 많기 때문이다. 나는 프린터에 대고 소리를 지른다. 새 한 마리가 발코니로 날아온다. 나는 "안녕"이라고 인사를 건넨다. 우리는 서로 잘 아는 사이다. 새가 날마다 오니까. 새는 지저귀며 다시 날아간다. 휴대폰이 울린다. 친구가 우스운 고양이 사진을 보냈다.

나는 콧김을 뿜으며 웃음을 터뜨렸다가 휴대폰을 다시 집어넣는다.

　이제 당신이 돌고래라고 상상해 보자. 내가 무엇으로 어떻게 의사소통하는지 알아내야 한다. 동거인과 나누는 대화, 즉 얼굴과 얼굴을 맞대는 소통은 확실히 이해하겠지만 그다음 상황은 까다로워진다. 돌고래가 문자 언어를 어떻게 이해할 수 있을까? 자신이 사는 세계에는 문자 언어가 존재하지도 않는데? 또한 내가 컴퓨터와 프린터에 대고 소리를 지른 게 단순히 스트레스를 배출하는 행동일 뿐이며 실제로 의사소통은 인터넷과 전자기파를 통해 이루어진다는 사실을 돌고래가 어떻게 이해할 수 있을까? 돌고래는 나와 새가 다른 종임에도 불구하고 소통한다고 생각할 수도 있다. 사실 새에게 말을 거는 행동은 내가 재택근무를 하며 느끼는 고독을 해소하는 일종의 의식인데 말이다. 나는 휴대폰으로 사람과 끊임없이 접촉하지만 돌고래는 내가 온종일 홀로 지낸다고 생각할 수 있다. 돌고래는 내가 다른 사람으로부터 메시지를 받는다는 사실 자체를 이해하지 못할 테니까. 또 내가 고양이 사진을 보고 갑자기 웃은 이유도 모를 것이다.

　내가 말하고 싶은 바는 다음과 같다. 돌고래 또는 고래의 의사소통은 인간과 다른 방식으로 이루어질 수 있고, 이 방식은 우리에게 매우 낯설어서 우리가 어디서부터 어떻게 시도해야 할지 정확하게 알 수 없다. 이빨고래의 뇌는 약 3500만 년 동안 발달하면서 생활 매개물인 물속에 적응할 수 있었다. 따라서 진화생물학의 관점에서 보면 이빨고래의 지능은 일찍이 인간과 다른 유형으로 발달했다. 우리가 이빨고래의 지능을 상세히 파악하는 데 어려움을 겪는 일은 전혀 놀랍지 않다. 최근 수십 년간 과학은 휘파람 소리에 집중했다. 인간이 인지할 수 있기 때문이다. 그러나 흡착음도 이들의 중요한 소통 방식이다. 많은 과학자가 돌고래와 고래가 초음파 이미지를 활용해 흡착음으로 이루어진 일종의 3D 영상을 자기들끼리 주고받는다는 견해를 밝혔다. 안타깝게도 이를 증명하기는 거의 불가능하다. 돌고래의 점프, 흉내, 꼬리치기가 그들의 언어로 사용된다는 이론도 있다.

이렇듯 해결되지 못한 수많은 문제와 의사소통의 복잡성 때문에 우리는 향후 50년 동안 돌고래와 대화를 나누지 못할 것 같다. 얼마나 안타까운가! 나는 이 사회적이고 윤리적인 담론에 기꺼이 동참하고 싶다. 돌고래가 어느 날 갑자기 우리에게 말을 걸고, 권리를 요구하고, 인간의 행동을 비판하고, 어리석고 멍청한 범고래에 대항하자고 우리를 선동하는 능력이 생겼다고 상상해 보라. 그들은 온종일 물고기 이야기만 하고 메마른 육지 세계에는 전혀 관심이 없을지도 모른다. 인류는 이에 대해 어떻게 반응할까? 또는 결국 복잡한 돌고래의 언어란 절대 존재하지 않는다고 결론지을 수도 있다.

수십 년간의 연구를 통해 우리는 돌고래가 인지능력이 있고 복잡한 사회생활과 가족적인 연대를 한다고 확신하게 되었다. 그럼에도 여전히 수백 마리의 돌고래가 인간의 즐거움을 위해 수족관에 갇혀 재주를 부려야 한다. 감옥에 갇힌 인간이 행복하지 않은 것처럼 돌고래와 고래도 갇혀 지내면 결코 행복하지 않다. 감금된 동물이 날마다 겪는 스트레스 때문에 수명이 단축되고 병이 생기고 이상 행동을 보이는 모습을 보면 잘 알 수 있다. 우리는 인간 동물원*과 이른바 프릭쇼freak show** 를 없애는 데 성공했다. 마찬가지로 여기 지구에서 인간과 같이 사는 생명체의 권리와 존엄성을 보장하는 법도 배워야 한다. 독일과 유럽연합에서는 오늘날까지도 돌고래를 비롯한 고래류 포획이 합법이라는 입장을 계속 유지하고 있다. 반면 코스타리카, 볼리비아, 칠레, 크로아티아, 그리스를 포함한 일부 국가는 포획을 금지했다. 심지어 인도는 여기서 더 나아가

---

*   19~20세기에 유색인종을 구경거리로 전시하던 일.
**   기형인 사람이나 동물을 보여주는 쇼.

2013년 고래류에게 비인간 법인격*의 지위를 부여하면서 생명권과 자유권을 인정했다.

• 　권리와 의무가 귀속되는 법률상의 인격.

5

플라스틱 행성
오염

1997년 찰스 J. 무어Charles J. Moore는 로스앤젤레스에서 하와이까지 가는 요트 경기를 성공적으로 마치고 모항으로 향하는 길이었다. 그는 북태평양 환류를 통과하는 지름길을 선택했다. 이곳을 건너는 며칠 동안 어디를 둘러보든 눈앞에 펼쳐진 광경은 한결같았다. 무어와 승무원들은 두 눈을 믿을 수 없었다. 사방에 플라스틱 조각이 둥둥 떠다니고 있었다. 무어가 탄 배는 가장 가까운 해안에서 수천 해리나 떨어진 태평양 한가운데에 있었다. 이곳은 다른 배조차 만나기 힘든 곳이다. 범선이 항해하는 데에 필요한 바람도 거의 불지 않고, 물은 영양분이 부족해 어부조차 얻을 수 있는 것이 전혀 없기 때문이다. 그렇다면 이 엄청난 쓰레기는 과연 어디에서 왔을까?

태평양에 프랑스의 면적만 한 쓰레기 섬이 떠돈다는 사실은 당시에는 충격적이었지만 오늘날에는 누구나 아는 상식이 되었다. 해양 연구자들은 이미 수십 년 전부터 플라스틱 폐기물이 바다에 모여든다는 사실에 주목했지만, 무어의 발견을 기점으로 전 세계 해양의 폐기물 오염 문제가 매우 심각하다는 점을 대중이 인식했고, 이를 통해 학계가 논의의 초점을 모을 수 있었다. 동시에 이 이야기는 과학계와 대중 간의 의사소통이 실패했음을 보여 주는 적절한 사례다. '플라스틱 섬'이라는 말을 듣고 저절로 떠오르는 광경과 실제 모습이 완전히 다르기 때문이다. 실제로 이 소용돌이 지대에 플라스틱 폐기물이 쌓이긴 하나 상당수의 플라스틱 조각은 아주 작아서 엄청 촘촘하게 쌓여 있지 않고 폐기물 더미의 높이도 '섬'이라고 느낄 만한 수준에는 미치지 않는다. 요즘 과학자들은 차라리 '플라스틱 수프'라고 묘사하는 것을 선호한다.

머지않아 이 쓰레기 소용돌이가 북태평양 환류에만 존재하는 것이 아니라는 사실이 밝혀졌다. 전 세계의 주요 환류 지대에도 플라스틱이 쌓이고 있었다. 해양 환류는 바람과 지구의 자전으로 인해 원형으로 흐르는 거대한 해류로, 앞서 언급한 북태평양은 물론 남태평양, 북대서양, 남대서양, 인도양까지 총 다섯 개의 환류가 있다.

위성추적 부표는 GPS 송신기로 해류나 수온 같은 환경의 매개변수를 측정하는 도구인데, 전 세계 바다를 부유하는 플라스틱을 추적하는 데에도 사용할 수 있다. 이 부표는 플라스틱과 똑같이 수면을 떠다니기 때문에 플라스틱 섬과 비슷한 경로로 바다를 두루 떠돈다. 관찰 결과, 플라스틱 조각이 흘러가는 해류를 타다가 환류에 끼어들어 그곳에 차츰 축적된다는 사실을 알 수 있었다. 최근에는 북태평양 환류에 있는 플라스틱 폐기물을 그물로 대량 수집하고, 항공기로 수면을 떠도는 거대한 쓰레기 조각을 샅샅이 추적하는 연구가 진행되었다. 이 연구에 따르면 북태평양을 부유하는 쓰레기 지대는 4만 5000~12만 9000톤으로 추정된다. 또한 현재 쓰레기 지대의 면적은 160만 제곱킬로미터에 이르며, 이는 독일 면적의 4.5배다.

다른 해양 지역도 심각한 영향을 받고 있다. 지중해도 해양 환류 지역만큼이나 플라스틱 폐기물 오염 수준이 심각한 것으로 파악된다. 스페인과 모로코 사이의 좁은 수역인 지브롤터해협은 들어오는 대서양의 물이 나가는 지중해의 물보다 훨씬 많기 때문에 탈출구가 없는 것이나 다름없다. 그래서 지중해는 플라스틱 쓰레기 집하장이 되었다. 추정하기로는 현재 지중해에 1000~3000톤의 플라스틱 폐기물이 쌓였으며, 이 때문에 이곳 바다의 농도는 해류의 농도에 못지않다.

전 세계에서 수집한 데이터를 바탕으로 모델 계산을 한 결과, 현재 5조 개가 넘는 플라스틱 조각이 바다 표면을 떠다닌다는 사실이 밝혀졌다. 이 조각들의 무게는 총 26만 톤이 넘는다. 하지만 과연 바다를 부유하는 플라스틱이 이게 전부일까?

2015년 과학자 제나 잼벡Jenna Jambeck과 그의 연구팀은 해안가의 모든 인구가 버리는 쓰레기양을 근거로 2010년 한 해 동안 480만~1270만 톤의 플라스틱이 바다에 버려졌다고 계산했다. 이 규모를 이해하기 쉽게 표현하자면, 1초마다 69마리의 고양이 떼가 바다에 던져진 것과 같다. 이때 대부분 잘 처리되지 못한 쓰레기가 바다로 흘러 들어온다. 환경은 전혀 고려하지 않고 무분별하게 내버린 쓰레기, 불법 쓰레기장에서 나온 폐기물, 쓰레기 하치장을 제대로 관리하지 못해서 해양까지 흘러간 쓰레기 등이다. 이러한 쓰레기는 시간이 지나면서 바람, 비, 홍수, 폭풍에 의해 강이나 하수를 거쳐 바다로 흘러왔을 것이다. 쓰레기는 대부분 봉지, 접시, 포장지, 병, 병뚜껑, 담배꽁초처럼 우리가 짧은 시간 동안 사용하고 버리는 일회용품이다.

인간은 2015년까지 전 세계적으로 63억 톤의 플라스틱 폐기물을 생산했다. 이 중에서 겨우 9퍼센트만 재활용되었고 12퍼센트가 소각되었으며 79퍼센트는 쓰레기장이나 우리가 사는 곳 여기저기에 흩어져 있다. 쓰레기 처리 방법을 개선하지 않으면, 바다로 흘러 들어가는 쓰레기양은 2025년까지 10배로 증가할 것이다.

이외에도 잼벡의 또 다른 연구 결과는 충격적이다. 바다에 있는 플라스틱이 우리의 생각보다 훨씬 많다는 결론이다. 앞서 언급한 것처럼 해수면을 떠도는 플라스틱 조각이 26만 톤이라는 사실을 관찰하면 명확하게 드러난다. 이는 분명 2010년 한 해 동안 바다로 버려진 최소 500만 톤의 플라스틱보다 훨씬 적은 양이다. 최근 수십 년 동안 바다로 흘러간 전체 플라스틱 중 수면을 떠도는 폐기물이 1퍼센트도 안 된다는 사실이 밝혀진 것이다. 그렇다면 나머지 99퍼센트는 어디로 갔을까? 그리고 이 사실이 바다와 우리에게 어떤 문제가 될 수 있을까?

플라스틱plastic이라는 단어는 합성수지를 일컫는 말로 '가소성이 있다'는 의미에 가까운 그리스어 'plastico'에서 유래되었다. 가소성이 플라스틱의 결정적인 특성 중 하나이기 때문이다. 즉 가열해서 상상할 수 있는 모든 형태로 만들 수 있다는 말이다. 게다가 플라스틱은 생산 비용이 저렴하며 내구성도 강하고 가볍다. 이런 이유로 1950년대부터 플라스틱이 우리 삶의 모든 곳에 성공적으로 자리 잡은 것은 전혀 놀라운 일이 아니다. 너무나 성공적인 나머지 플라스틱은 2015년까지 총 83억 톤이 생산되었다. 이는 대략 지구 전체 인구 무게의 29배다. 동물 애호가의 입장에서 설명하자면 대왕고래 8300만 마리의 무게와 일치한다.

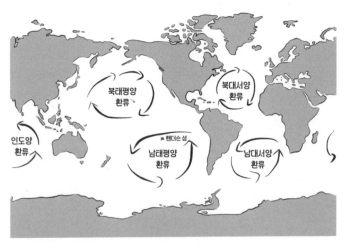

플라스틱이 모이는 다섯 곳의 해양 환류. 북태평양 환류, 남태평양 환류, 북대서양 환류, 남대서양 환류, 인도양 환류. 환류는 육지에서 멀리 떨어진 외해에 있기 때문에 플라스틱이 다다르기까지 몇 년이 걸린다. 사람이 살지 않는 헨더슨 섬은 남태평양 환류 한가운데에 있다.

플라스틱은 인위적으로 만들어진 중합체로, 주로 석유로 만든 탄화수소 화합물이다. 종류가 아주 다양하며 여러 응용 분야에 사용된다. 가장 빈번하게 쓰이는 플라스틱 유형은 폴리에틸렌PE(요구르트 용기의 주성분), 폴리프로필렌PP(어디에나 항상 있는 비닐봉지의 원료), 폴리염화비닐PVC(레코드판이나 바닥재의 주성분)이다. 이 밖에도 폴리에틸렌 테레프탈레이트PET로 만든 레모네이드병과 폴리스티렌PS으로 만든 테이크아웃용 커피 컵은 누구나 익숙할 것이다. 현재 생산되는 전체 플라스틱 중 절반가량인 42퍼센트가 포장재로 사용된다. 또 플라스틱 사용이 큰 비중을 차지하는 곳은 바로 건축과 섬유 산업 분야다. 반면 많은 플라스틱이 좋은 곳에 쓰이고, 심지어 생명을 구하기도 한다. 예를 들어 의학 분야는 일회용 주사기, 혈액 주머니, 붕대의 멸균 포장 등 플라스틱이 절대적으로 필요한 상황이다.

하지만 이러한 플라스틱의 장점은 동시에 단점이 된다. 방금까지 칭찬했던 뛰어난 견고성이 오히려 치명적인 요인이 되는데, 플라스틱이 우리가 사는 환경에서는 절대 분해되지 않기 때문이다. 플라스틱의 중합체 사슬은 산소 및 자외선과 접촉해 깨지는 광산화 반응을 통해 물러진다. 그런 다음 점점 더 작은 조각으로 부서지고 이것이 바로 이른바 미세플라스틱이다. 플라스틱은 점점 더, 점점 더, 점점 더 작아진다. 우리가 더 이상 측정할 수 없을 정도까지. 그렇다고 플라스틱이 완전히 소멸했을까? 알 수 없다. 이 붕괴 과정만 해도 수백 년에서 수천 년이 걸릴 수 있다. 무척 오래 걸리는 것만은 분명하다. 바다로 들어간 플라스틱도 당연히 이와 똑같은 과정을 거친다. 적어도 플라스틱이 수면을 떠돌며 햇빛에 노출되는 경우에나 말이다.

모든 플라스틱이 수면 위로 떠오르는 것은 아니다. 플라스틱의 밀도는 물론 형태와도 관련이 있는데, 예를 들어 원래 PET는 물에 뜨지 않지만 공기가 채워진 병 형태는 수면을 떠다닌다. 이때 시간이 지나면서 조류와 박테리아 같은 미생물이 플라스틱에 모여들어 자라고, 미생물로 인해 플라스틱이 무거워지면 언젠가는 가라앉기 시작한다. 그러므로 빅터 베스코보Victor Vescovo가 2019년 4월 마리아나해구에서 1만 928미터까지 내려가 새로운 잠수 기록을 세웠을 때, 그를 맞이한 것이 비닐봉지라는 사실은 전혀 놀랍지 않다.

과학자들은 다른 심해 지역에서도 상당히 많은 플라스틱을 계속 발견하고 있다. 잠수 로봇과 심해용 카메라 시스템 덕분에 과학자들은 해저 상태를 제대로 파악할 수 있게 되었고, 그 결과 유감스럽게도 바다의 밑바닥은 우리가 버린 플라스틱 쓰레기로 뒤덮였다는 사실이 드러났다. 사람들이 근처에 있는지 없는지의 여부와는 전혀 상관없이, 심지어 북극 같은 오지의 해저도 쓰레기로 가득했다. 한 연구에 따르면 프람 해협 해저에 있는 제곱킬로미터당 쓰레기의 양은 2002년부터 2011년 사이에 3635개에서 7710개로 2배 이상 증가한 것으로 밝혀졌다. 이를 통해 북극의 쓰레기 농도는 리스본 연안 심해 협곡과 비슷하다는 사실이 드러났다. 리스본 연안 심해 협곡에 있는 쓰레기의 양은 제곱킬로미터당 최대 6600개다.

해저에 있는 플라스틱에 어떤 일이 일어나는지는 확실하게 알 수 없다. 이 정도 수심까지는 햇빛이 들어오지 못해 광산화가 일어날 수 없기 때문에 아마 앞으로 수천 년 동안 해저의 퇴적물에 묻혀 있을 수도 있다. 과학자들은 심해 채굴 작업이 주변 생태계에 어떤 영향을 끼치는지에 대해 장기간 연구 및 조사를 하던 중, 우연히도 플라스틱이 심해에서 어떻게 분해되는지 알 수 있었다. 그들은 실제로 수심 4000미터가 넘는 심해에서 쓰레기, 비닐봉지, 요구르트병을 건져 올렸다. 그들이 찾은 비닐봉지는 발견된 위치와 거기에 인쇄된 문구로 보아 1989년 탐사 때, 요구르트병은 1992년이나 1996년에 자체 운영한 연구선에서 떨어진 게 분명했다. 과학자들이라고 언제나 모범적으로 행동하지는 않으니까. 그들은 이 플라스틱이 20년 넘게 그곳에 가라앉아 있었다는 사실을 확실히 알았지만 부식이나 파손의 흔적은 전혀 찾지 못했다. 아마 햇빛이 부족하고 물도 차가운 데다 움직임도 거의 없었기 때문으로 보인다. 비닐봉지와 요구르트병을 조사한 덕분에 흥미로운 사실도 밝혀졌다. 플라스틱이 해저에 있는 박테리아의 서식 공간에 큰 변화를 일으켜, 플라스틱과 무관한 박테리아의 군집과 종 구성이 매우 다르다는 사실을 발견한 것이다.

플라스틱이 바다의 바닥에 완전히 도달하려면 먼저 물기둥water column을 타고 가라앉아야 한다. 물기둥에 머무르는 플라스틱은 최근에야 과학계가 집중하는 사안으로 떠올랐고, 지난 몇 년간 흥미로운 연구 결과가 나왔다. 태평양의 쓰레기 지대 아래 최대 수심이 2000미터에 이르는 물속에 실제 미세플라스틱이 있다는 사실이 밝혀진 것이다. 특히 이 미세플라스틱의 입자는 1.5밀리미터 이하로 측정된다. 이곳의 쓰레기 농도는 수면의 농도보다는 줄어들었다. 바다를 떠돌던 플라스틱이 심해로 가라앉으면 서서히 부피가 줄어드는 인상을 주기 때문이다. 이는 레몬즙을 넣으면 우유가 뭉치는 현상과 비슷하다.

플라스틱의 상당수가 심해로 가라앉기 전에 육지로 다시 밀려오기도 한다. 운이 좋으면 주의력 깊은 사람들이 발견하고 수거하겠지만 사람이 거주하는 지역으로 밀려왔을 때만 가능한 일이다. 그러지 않는다면 플라스틱은 상당한 양으로 쌓인다.

　연구자들이 무인도인 헨더슨 섬 해변의 모래를 여과기로 걸러서 작은 플라스틱 조각을 추출한 적이 있는데, 이때 약 3770만 개나 되는 플라스틱 조각이 나왔다. 총 무게는 17.6톤에 달했다. 게다가 날마다 미터당 26개의 새로운 플라스틱 조각이 해안으로 밀려온다. 여기에 주목하지 않을 수 없다. 헨더슨 섬은 사람이 살지 않을 뿐 아니라 페루와 뉴질랜드 사이의 태평양 한가운데에 있어 어떠한 문명과도 멀리 떨어져 있기 때문이다. 상당수를 차지하는 부표나 그물에서 나온 플라스틱 조각은 어업 활동 탓으로 볼 수 있다. 하지만 일부 플라스틱 조각에는 스페인어가 인쇄된 흔적이 있는데, 남미 해안에 있던 쓰레기가 남태평양 환류를 타고 헨더슨 섬까지 흘러든 것으로 보인다. 인간이 버린 쓰레기는 북극과 남극에도 쌓인다. 빙하코어*에서 고농도 미세플라스틱이 발견되었다. 결국 인간의 손길이 닿지 않은 작은 땅이라도 더 이상 우리가 버린 쓰레기를 피할 수 없다.

　플라스틱 조각은 전혀 예상치 못한 곳에 또 있다. 바로 동물의 몸속이다. 유감스럽게도 동물은 몸집이 크든 작든 상관

---

*　극지방에 오랜 기간 묻혀 있던 빙하에서 추출한 얼음 조각.

없이 플라스틱을 먹는다. 이유는 여러 가지가 있다.

여과 섭식자는 물속에서 미생물과 유기물 입자를 여과해 섭취하는 동물이다. 이들은 작은 플라스틱 조각을 실수로 섭취한다. 실수라고 하지만 사실 선택의 여지가 없다. 거북이가 가장 좋아하는 먹이는 해파리인데, 비닐봉지를 해파리로 착각해 먹는 경우가 많다. 비닐봉지는 사람도 헷갈릴 정도로 해파리와 비슷하게 생겼다. 물고기나 새는 아주 의도적으로 플라스틱 폐기물을 먹을지도 모른다. 플라스틱 조각이 먹이와 비슷해 보이거나, 플라스틱 표면에 무성하게 자란 해초가 먹음직스러워 보이기 때문이다. 플라스틱을 한두 번 먹는다고 건강에 치명적인 영향을 주지는 않는다. 우리도 어린 시절에 그런 경험이 있다. 하지만 계속해서 제대로 된 음식 대신 플라스틱을 먹는다면 끔찍하게 굶어 죽을 것이다. 뾰족하고 날카로운 플라스틱의 모서리가 동물의 위장관을 찌르고, 플라스틱 조각이 너무 큰 나머지 소화가 되지 않은 상태로 위에 남는 상황도 문제다.

동물이 플라스틱을 얼마나 많이 먹는지, 그중 얼마나 많은 수가 죽는지 우리는 전혀 모른다. 죽은 동물이 해안에 밀려온 경우 대부분 위에 플라스틱이 있다. 물론 플라스틱이 사망 원인인지 확실하게 알 수 없다. 최근 들어 해변에서 발견된 고래와 돌고래 시체의 위 속에 플라스틱이 가득하다는 소식이 자주 보도되었다. 2016년 초에는 북해에서 향유고래 30마리가 해안에 좌초되어 떼죽음을 당한 적이 있다. 이 고래 중 아홉 마리의 위에서 엄청난 양의 플라스틱이 발견되었다. 게 어망 조각, 양동이, 심지어 플라스틱 엔진 덮개까지 나왔다. 어떤 고래가 삼킨 플라스틱은 거의 25킬로그램이었다. 전체 종 가운데 고래의 43퍼센트, 바닷새의 36퍼센트, 물고기 중 일부에서 플라스틱이 발견된 상태다. 심지어 바다거북은 전체 종에서 발견되었다. **풀머갈매기**Fulmar는 공해에서만 먹이를 구하기 때문에 최근에는 이 새의 위 내용물을 기준으로 삼는데, 대개는 별로 좋지 않다. 2015~2019년 사이에 북해에서 발견된 풀머 갈매기의 사체 중 약 93퍼센트의 위에 플라스틱이 있었다. 이는 북해가 심각하게 오염되었다는 사실을 뜻한다. 이처럼 동물이 인간과 다른 방식으로 플라스틱을 접하는 상황은 예사롭지 않다. 전 세계 동물의 뱃속에서 최대 10만 톤의 플라스틱을 발견할 거라는 추정도 있다.

유실된 플라스틱에 마지막으로 일어날 가능성이 높은 현상은 바로 분해다. 어떤 플라스틱은 어쩌면 인간이 현재 측정할 수 없을 정도로 분해되었을 것이다. 앞에서 언급했듯이 플라스틱은 언젠가 5밀리미터 이하의 조각인 미세플라스틱으로 분해된다. 1차 미세플라스틱은 이 정도 크기로 제조되어 각질 제거제나 다른 화장품에 사용된다. 2차 미세플라스틱은 큰 플라스틱에서 나온 것이다. 햇빛, 열, 파도의 힘을 받고 물러져서 서서히 작은 입자로 분해된다. 타이어나 구두창이 마모되는 등 일상 용품을 사용하다가 나올 수도 있고 합성 의류를 세탁할 때 끊어져 나오는 초극세사도 포함된다.

이 플라스틱 조각은 매우 작아서 측정하는 데 상당한 노력이 필요하다. 최근에는 푸리에 변환 적외선 분광법FTIR 같은 새로운 기술이 개발되어 육안으로 식별할 수 없는 미세플라스틱을 측정할 수 있다. 이는 현미경과 푸리에 변환 적외선 분광 광도계를 사용해 바닷물을 통과한 필터를 분석하는 방법이다. 미세 입자 분자는 적외선을 받으면 진동하고 분광계가 이 진동을 측정한다. 분자가 얼마나 정확하게 진동하느냐는 미세 입자 재료의 구성 성분에 따라 다르며, 마치 사람의 지문처럼 식별이 가능해 적극 활용된다. 이 방법으로 아무리 작은 입자라도 플라스틱으로 구성되었는지, 맞다면 어떤 플라스틱인지 확인할 수 있다.

이 방법으로 측정하기 시작하고부터 미세플라스틱의 농도가 계속 증가하고 있다. 이는 실제로 미세플라스틱의 농도가 증가했기 때문이라기보다는 과거의 측정 작업이 현재만큼 정확하지 못했기 때문으로 보는 것이 타당하다. 최근에야 대서양에서 수심 0~200미터 수역에 32~651마이크로미터 크기의 미세플라스틱 덩어리가 있다는 사실이 밝혀졌다. 추정컨대 1100만~2100만 톤의 플라스틱이 이러한 형태로 대서양 전역에 분포되어 있을 것이다. 플라스틱이 이렇게 잘게 부서진 조각 형태로 물기둥 전체에 분포되어 있더라도 현재까지는 측정할 방법이 없어서 구체적으로 파악하지 못했을 테니 말이다. 새로 진행한 표본조사에 따르면 최소 1400만 톤의 미세플라스틱이 해저 전체에 분포되어 있다.

미세플라스틱이 계속 분해되어 100나노미터 이하가 되면 나노플라스틱이라고 한다. 인간이 사는 환경에서 나노플라스틱을 측정하기란 미세플라스틱보다 훨씬 어렵고 아직까지는 거의 불가능하다. 따라서 바다의 나노플라스틱 농도는 오로지 추정할 수밖에 없다. 그렇다면 현재 바다를 떠도는 플라스틱이 실제로 문제가 되는 이유는 뭘까?

해변에 버려진 쓰레기는 단순히 보기에 좋지 않을 뿐만 아니라 관광 의욕까지 떨어뜨려 경제적으로 손해를 입는 결과로 이어진다. 해상운송 분야에서는 배의 스크루에 플라스틱이 끼어 문제가 된다. 이미 아시아 해역이 쓰레기 때문에 12억 6000만 달러에 달하는 손해를 입고 있다. 이뿐만 아니라 플라

전 세계적 규모로 진행된 2019 국제 연안 정화의 날 행사에서 가장 빈번하게 수집된 쓰레기는 다음과 같다. 1위: 식품 포장지(사탕, 감자칩, 이와 유사한 먹거리), 477만 1602개. 2위: 담배꽁초, 421만 1962개. 3위: 플라스틱 병, 188만 5833개, 4위: 병뚜껑, 150만 523개. 5위: 빨대와 스위즐 스틱, 94만 2992개.

스틱은 동물 세계에도 치명적인 위협을 가한다. 첫 번째는 앞서 언급했듯이 먹이로 오인하는 경우다. 두 번째는 치명적인 덫이 되는 경우다.

    2009~2018년 사이에 미국 해역에서만 1800마리의 동물이 위에 플라스틱이 박히거나 얽힌 상태로 발견되었다. 총 40종이 넘는 다양한 동물이 플라스틱의 영향을 받았고 그중 거북이와 포유동물이 가장 빈번하게 피해를 입었다. 특히 포장용 끈, 봉지, 풍선 같은 용품에 자주 얽힌다. 유령 그물^{ghost nets}로 불리는 버려진 어망도 큰 문제다. 일단 그물에 걸리면 스

스로 풀고 나오지 않는 한 포식자에게 쉽게 먹히든지 비참하게 굶어 죽는다. 거북이, 고래, 바다표범처럼 공기를 호흡하는 해양 동물이 그물에 걸리면 비참하게 익사한다. 다행히 그물에서 빠져나오더라도 몸에 감긴 밧줄의 잔여물이 상처를 입히고 심각한 염증을 일으킬 수 있다. 해마다 바다에서 64만 톤의 그물, 낚싯줄, 물고기 및 게의 덫 등이 유실되는 것으로 추정되지만 이러한 장치가 해양 동물의 생명을 얼마나 많이 앗아가는지는 확실하게 밝혀지지 않고 있다.

여기서 또 다른 문제가 잇따른다. 플라스틱은 바다를 떠다니는 데다 분해 속도도 느리다는 점이다. 이는 플라스틱이 일부 동물에게 새로운 생활권이 된다는 의미다. 이로 인해 그곳 고유의 종 다양성에 부담을 주는 경우가 많다. 따개비, 자포동물, 조류, 게, 조개, 미생물 같은 몇몇 해양 동물은 플라스틱이 붙어 있기 아주 편안하다고 여긴다. 플라스틱을 타고 수천 킬로미터를 여행할 수도 있다. 2011년 무시무시한 도호쿠 쓰나미가 발생한 뒤 6년 동안 일본 바다에 있던 플라스틱 쓰레기들이 미국 서부 해안까지 밀려가면서, 일본 해안에 서식하던 289종의 해양 동물도 함께 갔다. 이 종 가운데 단 하나라도 새로운 생활권에 정착하면 토착종을 몰아내어 생태 균형에 혼란을 초래할 수 있다.

＊

현재 미세플라스틱은 초미의 관심사로 떠오르고 있다. 지구 어디에나 발견되지 않은 곳이 없기 때문이다. 바다 어느 곳을 둘러봐도 미세플라스틱이 있고, 육지에도 사방으로 퍼졌다. 땅, 아주 높은 산꼭대기, 심지어 대기층까지 날아간다. 우리가 먹는 음식, 물, 꿀, 소금, 맥주에도 미세플라스틱이 있다. 더 이상 피할 길이 없다. 음식과 함께 미세플라스틱을 섭취하면 건강에 문제가 생길까? 안타깝게도 알 수 없다. 아직 이 연구 주제가 본격적으로 다뤄지지 않았기 때문이다. 이론적으로 아주 작은 나노플라스틱 조각은 세포에 침투할 가능성이 있다. 하지만 이런 일이 실제로 발생하는지, 어떤 결과를 초래하는지는 밝혀지지 않았다. 플라스틱 시대를 산 지 60년이 넘은 지금, 미세플라스틱이 초래한 질병은 지금까지 한 건도 밝혀지지 않았다. 하지만 미세플라스틱 농도가 더 높아지면 어떤 일이 생길지 누가 알까?

바다에 있는 미세플라스틱도 불안하기는 마찬가지다. 미생물이 소비하거나 심지어 미세플라스틱에 얽힐 수도 있다. 미세플라스틱이 미생물에게 어떤 영향을 끼치는지 아직 명확히 밝혀지지 않았다. 그러나 플랑크톤이나 조개 같은 여과 섭식자가 미세플라스틱에 보인 반응을 연구했더니 신진대사, 영양 섭취, 성장, 번식, 염증, 생존율에 부정적인 영향을 끼친다는 사실이 밝혀졌다. 조개와 어류의 조직, 간, 아가미에는 아주 작은 플라스틱 입자가 떠돌아다녔다. 미세플라스틱 입자가 침투한 **물벼룩 마그나**_Daphina magna_ 중 절반의 사망률이 증가했다. 하지만 실험에 사용된 미세플라스틱의 농도는 자연에서 발견된 것보다 훨씬 높았다. 실험 농도는 리터당 8.6×10^7 입자였다. 현재 미세플라스틱 농도가 가장 높다고 알려진 대한민국 연안에서 측정된 해수 1리터당 16~100 입자와 비교하면 100만 배나 높은 수치다.

조개와 어류를 대상으로 한 실험을 통해 나노플라스틱 입자가 조직과 세포까지 침투할 수 있다는 사실이 밝혀졌다. 그러나 여기서도 마찬가지로 실험 시 나노플라스틱 입자 농도는 현재 자연에서 발견되는 나노플라스틱 농도를 훨씬 웃돈다. 아울러 실험에서 나노플라스틱 입자는 양전하를 띠고 있어 세포에 침투하기가 쉬웠다. 그러나 자연 상태에서 나노 입자가 양전하를 띠는 경우는 매우 드물다.

우리는 날마다 미세플라스틱에 노출된다. 우리가 먹는 음식뿐 아니라 공기 중에도 미세플라스틱이 떠돌아다니기 때문이다. 주로 옷, 카펫, 가구에서 나오는 초극세사 형태나 타이어가 마모되면서 나오는 입자 형태다. 현재 플라스틱 입자가 해양 생물과 인간에게 실제로 부정적인 영향을 끼치는지는 몹시 불명확한 상황이다. 미세플라스틱, 나노플라스틱 연구는 매우 어렵지만 우리는 더 많이 연구하고, 개선하고, 새로운 방법을 개발해야만 한다. 이러한 연구를 통해 순간순간의 현황보다는 플라스틱 조류가 멈추지 않는 미래 전체를 조망할 수 있다. 한편 플라스틱이 먹이사슬의 꼭대기에 축적될 것이라는 공포는 현재까지 사실로 입증되지 않았다. 대신 인간이 섭취한 미세플라스틱은 대개 빠르게 배설되기 때문에 먹이사슬에 축적되고 전파되는 것은 별로 문제가 되지 않는 것으로 밝혀졌다.

바다에 있는 미세플라스틱의 경우, 오히려 잔류성 유기오염 물질POPs, Persistent organic pollutants이 축적되는 게 훨씬 위험하다. 무엇보다 이 물질에는 DDT나 클로르데인 같은 살충제나 폴리염화비페닐 같은 화학물질이 포함되어 있다. 이러한 유해물질은 매우 천천히 분해되고 먼지 입자에 쉽게 달라붙기 때문에 바람을 타고 전 세계로 퍼진다. 여기서 문제는 이 유해 물질 중 일부가 암을 유발하고 호르몬 조절을 방해하며 심지어 불임의 원인으로 의심된다는 점이다.

POP는 플라스틱과 마찬가지로 소수성, 즉 물을 싫어하는 성질이 있기 때문에 유해 물질은 물에서 빠져나와 플라스틱으로 들어간다. 그러나 이러한 현상은 하루아침에 일어나지 않는다. 유해 물질이 플라스틱 조각에 축적되려면 몇 달 또는 몇 년이 걸린다. 여기에는 화학 첨가물도 덧붙여진다. 화학 첨가물은 부드럽고 탄력 있는 플라스틱 제품을 만들기 위해 생산되고 방화 목적으로도 쓴다. 연화제인 비스페놀A는 BPA로도 불리며, 플라스틱의 깨지기 쉬운 성질을 막아 주는 물질이다. 비스페놀A 역시 호르몬을 교란하고 암을 유발하는 물질로 의심된다. 이 때문에 이미 2011년에 유럽연합 전역에서 젖병에 비스페놀A를 사용하는 것이 금지되었고 식품과 닿는 플라스틱 제품에 비스페놀A의 양을 최소화하도록 했다. 독일은 최근에야 비스페놀A를 제한 결정 목록에 올렸다. 이 목록은 유해 물질이 들어간 제품을 제한하고 인체에 해롭지 않은 대용품을 찾기 위해 마련되었다.

두려운 점은 궁극적으로 플라스틱을 접하는 동물이 POP와 첨가물을 섭취하고 체내에 축적한다는 점이다. 하지만 이는 아직까지 실험으로 입증되지는 못했다. 오히려 플랑크톤처럼 먹이사슬의 시작에 위치한 동물은 미세플라스틱보다 POP를 더 많이 흡수하는 것으로 드러났다.

이러한 발견과 깨달음으로부터 다음과 같은 모순된 이론을 끌어낼 수도 있다. 즉 물속에 사는 동물은 어차피 이 유해 물질에 노출되고 이미 조직 내에 축적되어 있기 때문에, 소비된 플라스틱은 다시 동물로부터 유해 물질을 배출해 낼 수 있다는 이론이다. 실용적인 내용처럼 들리지만 이런 일이 실제로 일어나는지는 분명하게 밝혀지지 않고 있다.

요약하면, 미세플라스틱의 위험성에 관해서는 아직 어둠 속을 헤매는 상황이다. 그럼에도 우리는 플라스틱이 현재, 또는 가까운 미래에 어떤 식으로든 위험을 초래한다는 사실을 잘 안다. 그렇다면 앞으로 닥칠 피해를 막기 위해서 어떻게 해야 할까?

바다로 유입되는 플라스틱 대부분이 아시아에서 비롯되고 독일과는 아무 관련이 없다는 보고가 공개되었다. 이 소식을 들은 어떤 독일인은 안도하며 플라스틱 문제를 잊으려 할지도 모른다. 그렇다면 카라 라벤더 로Kara Lavender Law와 그의 연구팀이 진행한 새로운 연구 결과를 알려 주고 싶다. 이 연구는 미국이 1인당 105킬로그램으로 전 세계에서 가장 많은 플라스틱 폐기물을 생산하며, 영국과 대한민국이 그 뒤를 바짝 뒤쫓고 있고, 4위인 독일은 1인당 81킬로그램을 생산한다는 사실을 밝혀냈다. 이 국가들에서 나온 플라스틱 폐기물의 상당 부분이 아시아나 아프리카 개발도상국으로 수출되기 때문에 미국이나 독일의 쓰레기가 그 지역의 바다에 상륙한다. 불법으로 투기하거나 잘못 운용된 쓰레기까지 합치면 플라스틱 폐기물의 양은 이보다 훨씬 많아진다. 이에 따르면 미국은 약 150만 톤으로, 전 세계에서 바다에 쓰레기를 가장 많이 배출하는 국가 3위를 차지한다.

우리에게는 공동 책임이 있으니 플라스틱 소비를 줄이도록 노력해야 한다. 자신의 쓰레기가 아무렇게나 버려지지 않도록 주의를 기울이고, 쓰레기통이 몇 킬로미터 떨어진 곳에 있다면 꼭 그곳에 가서 버리는 일 역시 중요하다. 당연히 쓰레기를 버리는 상황 자체를 피하면 훨씬 좋다. 하지만 일상생활에서 플라스틱을 사용하지 않는 시도는 매우 어렵다. 실제로 플라스틱은 어디에서나 사용되고 있으니까. 그러므로 대대적인 생각의 전환이 필요하다. 우리의 경제를 순환 경제로 바꿔야 한다. 이는 사용한 플라스틱을 전부 재활용하는 이상적인 상황을 의미한다. 현재 전 세계의 재활용 비율은 9퍼센트에 불과하지만 개선될 여지가 많다. 정치가들이 관여하고, 특히 산업계에서 제대로 된 조치를 취하게 한다면 말이다. 이러한 조치는 생각을 충분히 거친 다음 실행해야 한다. 모든 해결책이 무조건 의미 있고 합리적이지는 않기 때문이다.

예를 들어 최근에 자주 선전되는 바이오 플라스틱이 모두가 바라는 구원은 아니다. 재생 가능한 원료로 제조되기는 하지만, 바로 그렇기 때문에 항상 자연에서 분해되는 것은 아니다. 일부 바이오 플라스틱은 고온의 산업용 비료화 처리 장치에서만 분해된다. 따라서 이런 바이오 플라스틱을 바다에 버리면 기존의 플라스틱과 똑같이 유해하다. 특수 바이오 플라스틱인 PHA는 따뜻한 해수에서는 비교적 빠르게 분해되지만 박테리아 활동이 훨씬 느리게 진행되는 차가운 물이나 해저 깊숙한 곳에서는 그렇지 않다.

우리가 오염시킨 환경을 완벽히 깨끗하게 하는 것은 불가능하다. 아무리 첨단 기술 장비를 동원하더라도 바다 전체를 여과해 미세플라스틱을 제거하거나, 바다의 밑바닥을 갈아엎어 아래에 파묻힌 플라스틱을 꺼낼 수는 없다. 이러한 행위는 환경을 구하기보다 파괴하는 일에 훨씬 가깝다. 그렇지만 우리는 강에 장벽을 설치해 더 많은 플라스틱이 바다로 흘러가는 것을 막을 수 있다. 쓰레기가 특히 잘 모이는 곳을 중심으로 조직적인 청소 캠페인을 실시할 수도 있다. 이러한 작업이 효과를 거두려면 플라스틱이 어디를 떠돌고 어디에 축적되는지 알아야 한다. 과학자들은 수백만 톤의 버려진 플라스틱이 있는 곳을 찾기 위해 계속 노력한다. 어떤 과학자는 대부분이 바다 밑바닥에 쌓여 있다고 말하고, 어떤 과학자는 대부분이 물에 씻겨 연안과 해안가에 굴러다니거나 미세플라스틱으로 분해된다고 말한다.

　바다의 플라스틱 오염 문제와 관련해서는 아직 알려지지 않은 것이 너무나 많다. 그럼에도 몇몇 연구를 통해 플라스틱 오염 시나리오가 악화될 때 어떤 치명적인 결과를 초래하는지, 이를 어떻게 피할 수 있는지가 점점 분명히 드러나고 있다. 태어나지 않은 아기의 태반에서 미세플라스틱이 처음으로 검출되었다. 요즘 아이들은 세상에 태어나기도 전에 이미 플라스틱과 접촉하고 있는 셈이다. 아이들이 플라스틱 행성에서 자라는 모습을 보고 싶지 않다면, 지금 당장 행동해야 한다.

6

카페의 상어

발견

지금 새하얀 해변에 누워 있다고 상상해 보자. 머리를 약간 옆으로 기울이고 팔과 다리를 쭉 펴고 두 눈을 감는다. 그리고 햇빛이 피부에 닿아 서서히 뜨거워지는 것을 느낀다. 사방은 고요하다. 규칙적으로 살랑거리는 파도 소리만이 정적을 깬다. 너무 뜨거워진 당신은 몸을 일으켜 청록색 바다를 향해 걸어간다. 태양의 반짝이는 불꽃이 출렁이는 파도에서 노닌다. 태양이 달군 모래가 너무 뜨거워 두 발이 달아오르자 당신은 해변에 부서지는 조그마한 파도에 즐거이 뛰어든다. 얕은 물을 달려가다가 좀 더 깊은 지점에 이르면 우아하게 다이빙한다. 깊은 바닷속으로 들어간다. 햇빛 아래에서는 굼뜨게 행동했지만 차가운 물에 머리를 담그니 정신이 맑아진다. 물속에서 공기 방울이 부글부글 소리를 내며 귓가를 스친다. 물속을 계속 미끄러져 들어가면 이윽고 고요만이 감돈다. 다시 물 위로 올라와 심호흡을 한 번 한 뒤 저 멀리 보이는 암초로 헤엄쳐 가기 시작한다. 물이 깊어지면서 밝은 청록색에서 좀 더 짙은 파란색으로 바뀐다. 당신은 헤엄을 멈추고 해변 쪽을 바라본다. 저 멀리 하얀 모래가 반짝인다. 그때 어떤 움직임이 눈에 들어온다. 몸을 돌리자 크고 어두운 그림자가 보인다. 수면이 고르지 않아서 무엇인지 알아보기가 어렵다. 그런데, 그림자가 다시 나타나더니 점점 가까워진다….

그다음엔 무슨 일이 일어날까? 혹시 상어가 나타날 거라고 예상하는가? 현실적으로 이런 일은 일어날 것 같지 않다. 바다 밑바닥에 있는 칙칙한 해초 더미일 가능성이 훨씬 높다. 파도의 움직임에 휩쓸려 스스로 움직이는 것처럼 보일 따름이다. 혹은 커다란 쓰레기 조각일지도 모른다. 자동차 타이어나 비닐봉지 같은 것 말이다. 이제 바다에는 온갖 것들이 떠다니니까. 운이 좋으면 거북이나 가오리가 당신 곁을 지나가는 것일 수도 있다. 그렇다면 사람들이 이런 상황에서 상어에 대한 두려움을 떠올리는 이유는 무엇일까?

스티븐 스필버그 감독의 첫 번째 대히트 영화 때문일지도 모르겠다. 1975년 〈죠스〉가 처음 스크린을 점령하자 모두가 세상에서 가장 큰 육식 물고기를 알게 되었다. 거대한 괴물이 가상의 섬 아미티의 해변을 따라 사람을 먹어 치우는 광경을 보고 누가 등골이 오싹하지 않을 수 있을까? 넘치는 가짜 피와 폭발하는 배, 이보다 더 무서울 수 있을까? 〈죠스〉가 등장한 뒤 해수욕장의 방문객 수가 정말 줄었는지를 조사한 연구는 진행된 적이 없지만, 확실히 이 영화가 인기를 모은 후부터 거의 모든 사람이 바다에서 수영하는 것을 불안해했다. 나도 예외는 아니다. 물론 나는 상어를 사랑하고 상어가 아주 아름다운 동물이라고 생각하지만 말이다. 홀로 드넓은 바다에서 헤엄칠 때, 발밑에서 무슨 일이 일어나는지 전혀 볼 수 없는 경우(이런 상황은 잠수했다가 가장 먼저 또는 가장 나중에 보트에 오를 때 곧잘 발생한다)에는 나 역시 으스스할 때가 종종 있다. 당신도 이런 적이 있다면 우리는 동지인 셈이다.

　연구에 따르면 어린 시절 공포 영화를 보다가 생긴 두려움 중 4분의 1은 성인이 되어서도 계속 남아 있는 것으로 밝혀졌다. 공포의 흔적을 가장 빈번하게 남기는 영화로 〈폴터가이스트〉, 〈블레어 윗치〉, 〈스크림〉이 꼽힌다. 그리고 이 분야의 압도적 1위는 단연 〈죠스〉다. 연구에 참여한 사람 중 상당수가 어른이 되어서도 해수욕을 계속 불편해하거나 아예 기피했다. 심지어 어떤 사람들은 상어가 있을 가능성이 절대 없는 호수나 수영장에서도 물에 들어갈 엄두조차 내지 못했다. 따라서 자녀가 해변이나 캠핑 휴가를 문제없이 가기를 바란다면 무슨 수를 써서라도 위에 언급한 영화들을 못 보도록 막아야 한다. 게다가 영화 〈죠스〉의 원작 소설을 쓴 작가 피터 벤츨리는 훗날 자신이 상어의 이미지를 그런 식으로 망가뜨린 것을 몹시 미안해했다. 이런 까닭으로 그는 죽을 때까지 해양 및 상어 보호 활동에 적극적으로 참여했다.

언론 매체 역시 우리가 상어를 두려워하는 데 한몫 거든다. 자연 다큐멘터리에서도 이른바 상어 공격을 다루는 프로그램은 인기가 매우 많은데, 상어가 화면에 등장할 때면 위협적인 배경음악을 삽입하고는 한다. 이 모든 것 때문에 사람들은 상어를 피에 굶주린 짐승으로 여긴다. 하지만 이러한 두려움에 정당한 근거가 있을까?

국제 상어 공격 파일ISAF, International shark attack file은 전 세계에서 상어의 공격 사례를 수집해 문서로 만든다. 아주 오래된 보고서도 있는데, 가장 오래된 문서는 16세기까지 거슬러 올라가기도 한다. 이에 따르면 매년 전 세계에서 약 70~100건의 우발적인 상어 공격이 발생하며, 이 중 사람이 목숨을 잃는 사고는 5~15건이다. 여기서 '우발적'이란, 예상치 못하게 공격이 일어났으며 공격받기 전에 피해자가 상어와 접촉한 적이 전혀 없었음을 뜻한다. 예를 들면 상어에게 갑자기 다리를 물린 서퍼가 우발적인 공격을 받은 경우다. 이와 반대로 도발적인 공격은, 잠수부가 상어를 어루만지고 입에 키스를 시도하자 상어가 그의 입술을 물고 늘어지는 경우다. 이 장면은 인터넷에서도 찾아볼 수 있다. 페티시즘인지는 모르겠지만 이런 짓은 강력히 말리고 싶다. 이러한 공격에 연루된 상어 중 으뜸은 단연 백상아리다. 2위는 **뱀상어***Galeocerdo cuvier*, 그다음은 **황소상어** *Carcharhinus leucas*다. 이들은 상어 종 중에서도 가장 큰 개체이므로, 인간이 그들의 먹이로 적합한 몸집인 것이 놀라운 일도 아니다.

그 밖에도 2010년부터 2019년까지 전 세계에서 기록된 794건의 상어 공격 중 236건이 미국 플로리다에서 발생했다. 그다음으로 호주에서 140건, 하와이에서 72건의 상어 공격이 집계되었다. 참고로 상어의 공격은 수십 년 동안 증가하고 있다. 상어가 예전보다 공격적으로 변했다거나 힙스터 상어들 사이에서 인간이 슈퍼 푸드로 떠올라서가 아니다. 인구가 증가하고 물에서 활동하는 사람이 더 많아졌기 때문이다. 수상 스포츠가 점점 더 인기를 얻고 있다. 특히 서핑과 보디보딩*을

•   엎드려서 타는 소형 서프보드.

즐기는 사람이 상어 공격에 가장 빈번히 당한다. 1970년대 서핑의 등장과 더불어 상어 공격 발생 수가 늘어난 것을 보면 알 수 있다.

하지만 사망률은 감소했다. 의료 서비스의 질이 향상되고 좀 더 신속해졌으며 수상 구조원이 받는 특수 교육의 수준이 높아졌기 때문이다. 그래서 상어 공격으로 인한 사망 건수는 매해 5~15건에 불과하다. 이는 상어 공격으로 죽을 확률이 374만 8067분의 1임을 의미하며, 통계상으로 거의 발생하지 않은 것이나 다름없다. 혹시 서핑보다 스케이트보드를 타는 게 낫겠다고 생각하는 사람이 있다면 알려 주고 싶은 통계가 있다. 미국에서 1999~2010년에 매년 평균 74명이 스키, 롤러스케이트, 스케이트보드를 타다가 목숨을 잃었다. 침대에만 있는 것도 좋은 방법은 아니다. 2004~2010년에 매년 평균 668명이 침대에서 떨어져 사망한 것으로 나타났으니까. 안전한 곳은 어디에도 없다!

＊

실제로 상어는 우리가 두려워해야 할 동물 순위에서 최하위권을 차지한다. 오히려 정반대다. 상어는 믿을 수 없을 정도로 매혹적인 동물이니까. 우리는 상어를 너무 모른다. 과학자에게 상어를 추적하는 일은 너무나 어렵기 때문이다. 상어가 정확히 어디에 머무르는지, 어느 쪽으로 헤엄치고 어느 쪽으로 헤엄치지 않는지를 관찰하기란 쉽지 않다. 상어는 상당히 빠르게 움직이고 시야를 차단하는 물살 탓에 그 모습을 제대로 볼 수 없기 때문이다.

예전에는 백상아리가 주로 육지와 가까운 지역에 머무른다고 생각했다. 이 상어는 주로 바다표범을 먹고 살기 때문이다. 그래서 무엇보다 바다표범이 많은 곳에 상어가 대규모 군집을 이룬다고 여겼다. 이 악명 높은 포식자와 팬 미팅이 가능한 세상에서 가장 유명한 장소는 호주, 남아프리카공화국, 캘리포니아, 바하칼리포르니아 해안의 바다표범 집단 서식지 근처다. 당시에 상어가 이 서식지에 1년 내내 머무르지는 않는다는 사실은 알려져 있었지만 그 외에 어떤 곳을 떠도는지는 수수께끼로 남아 있었다.

그러나 과학 발전사가 종종 그렇듯, 이 분야에도 새로운 기술이 서광을 비추기 시작했다. 특수 추적 장치를 개발한 덕분에 2000년대 초부터 해양 동물의 장거리 여행에 동참할 수 있게 된 것이다. 이 송신기는 동물의 지리적 위치뿐 아니라 다양한 환경 매개변수도 측정할 수 있다. 예를 들어 주위 압력을 측정함으로써 동물이 머무는 곳의 수심을 계산할 수 있다. 또한 수온과 동물이 이동하는 속도도 기록한다. 이 모든 측정값은 1분에 여러 번 측정된다.

상어 연구에 자주 투입되는 송신기는 두 가지 유형이 있다. 대개는 상어를 포획하지 않고도 부착할 수 있는 PAT^Pop-up archival tags 송신기가 사용된다. 이것은 전자 표지로, 특수 제작된 창에 부착되어 견고한 상어의 피부를 뚫고 등지느러미 아래로 들어간다. 그다음 미늘로 근육에 고정된다. 긴장감 넘치고 극적일 것 같지만 실제로는 매우 빠르게 진행되기 때문에 상어가 크게 스트레스를 받지 않는다. PAT는 부착되자마자 미리 설정한 시간 간격(예를 들면 2분)으로 상어의 위치를 측정한다. 상어의 등지느러미에 부착된 PAT는 보통 수면 아래에 있어서 송신기를 위성에 연결할 수 없기 때문에 GPS 대신 상어의 주변에 반짝이는 빛의 상태를 측정한다. 이 데이터를 근거로 태양의 위치는 물론 상어의 위치도 찾아낼 수 있다. 이 시스템은 당연히 결함이 있다. 상어가 너무 깊이 잠수해 빛을 거의 볼 수 없거나 물이 매우 탁하면 위치를 특정하기가 어렵기 때문이다. 그래서 결과가 부정확할 수 있다.

PAT를 통한 관찰은 일반적으로 몇 개월간 진행되지만 1년까지 지속될 수도 있다. 지리적 측정값과 환경 매개변수는

PAT 내부에 저장된다. PAT는 미리 설정한 날짜까지 상어에 고정된 상태를 유지하다가, 스스로 분리되어 수면으로 떠오른 다. 수면에 도달한 PAT는 저장된 데이터와 현재 위치 정보를 위성으로 보낸다. 과학자들은 보통 PAT가 있는 곳 근처에서 데이터 받을 준비를 완료한다. 미리 설정한 날짜에 맞춰 PAT 가 있을 곳으로 예상되는 해상 지점으로 출발하기 때문에 가 능한 일이다. 과학자들은 이 손바닥만 한 데이터 보물을 몰아 치는 파도 속에서 찾을 수 있을 거라는 희망을 품고 샅샅이 수 색한다. 송신기를 밝은 색으로 표시했다고 해도 이 수색 작업 은 건초 더미에서 바늘 찾기나 다름없다. 위성은 수집된 데이 터를 통합할 뿐이다. 온갖 측정법으로 저장된 고해상도 데이 터를 얻고 싶다면 바다를 표류하는 송신기를 무조건 찾아내야 한다. PAT를 찾아낸 기쁨은 이루 말할 수 없다.

또 다른 유형의 송신기는 위성과 연결된 SPOT^{Smart position only temperature transmitting tags} 송신기다. SPOT은 위치와 온도를 아 주 영리하게 전달한다. 이 송신기가 상어의 상징을 이용하기 때문이다. SPOT는 악명 높은 상어의 등지느러미에 설치된다. 이미 영화를 통해 알려졌듯이, 상어가 헤엄칠 때 등지느러미 가 물 밖으로 튀어나오는 경우가 많다. SPOT는 상어의 이러 한 습성을 활용해 위성과 연결된다. 상어의 등지느러미에 달린

SPOT가 물 밖으로 튀어나올 때마다 위성에 자신의 위치를 알린다. 한마디로 상어가 매번 과학자들에게 "안녕하세요!"라고 인사를 건네는 셈이다. 덕분에 과학자들은 상어의 행동 프로파일을 실시간으로 추적할 수 있다. 이 송신기가 상어를 포기하지만 않는다면 말이다. 이 송신기의 고정 장치는 설계 구조상 1~2년 뒤에는 부식되어 깨지고 떨어져 나가기 쉽다.

SPOT가 PAT보다 영리하다고 볼 수 있는 이유는 SPOT가 위치 데이터를 실시간으로 전송하므로 빛에 의존하는 PAT보다 훨씬 정확하기 때문이다. 하지만 SPOT에는 문제가 있다. 바로 상어를 물 밖으로 끌어 올려 설치해야 한다는 점이다. 또한 상어의 등지느러미에 직접 구멍을 뚫어야 한다. 이 작업은 비용이 많이 든다. 큰 배와 적절한 장비가 필요하기 때문이다. 또한 이 작업은 상어와 인간에게 상당한 스트레스를 준다. 크고 무겁고 힘센 상어를 잡아 배에 올린 다음 고정하고, 표본조사를 하고, 표시한다. 이때 상어의 스트레스와 상처를 최소화하는 것은 절대 쉬운 과제가 아니다. SPOT의 문제는 또 있다. 등지느러미가 겨우 잠깐만 물 밖에 나오는 경우가 많은데, 위성이 위치를 확인하는 속도가 그다지 빠르지 않다는 점이다. 그래서 두 가지 송신기를 전부 사용하는 게 가장 좋다.

어떤 이는 이렇게 생각할지도 모른다. '이런 방법이 최선

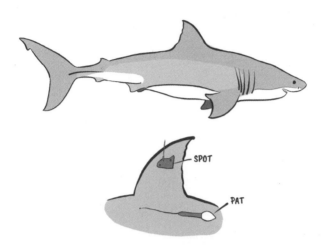

백상아리라는 명칭은 복부가 눈에 띌 정도로 하얗기 때문에 지어졌다. 백상아리는 최대 8미터 길이까지 자랄 수 있다. SPOT와 PAT 송신기는 상어 등지느러미에 설치된다.

이라면 왜 모든 상어에게 추적 장치를 달지 않는 걸까? 그렇게 하면 서퍼와 해수욕객을 위해 끝내주는 경고 시스템을 갖출 수 있는데 말이지.' 상어가 어디에 있는지 늘 정확하게 안다면 인간과 어류는 더 이상 서로를 방해하지 않아도 된다. 그러나 이러한 탐험에 드는 비용과 송신기는 당연히 비싸다. 수천 유로를 들여도 송신기의 기능은 아직 별로 신뢰할 만한 수준이 못 된다. 또한 많은 송신기가 계획보다 일찍 상어에게서 떨어져 나와 유실된다. 송신기가 잘못 설치되었을 때도 있고, 일부 개체가 해저에 몸을 비비는 등 의도적으로 송신기를 떼어내는 경우도 있다. 상어나 다른 육식 물고기가 동족이 차고 있는 송신기를 물어 부수는 경우도 있다.

이러한 공격적인 행동이 이해가 가지 않는 것은 아니다. 상어에게 송신기는 아주 성가신 장치다. 최적의 움직임을 추구하는 상태에 완벽하게 적응된 상어를 방해해 헤엄 속도를 느리게 만든다. 겉모습도 문제가 된다. 밝게 표시된 송신기는 상어에서 떨어져 나와 바다를 떠다닐 때 과학자들이 발견하기 쉽다. 하지만 바다표범도 이 표시 덕분에 탁한 물 아래에서 자신을 향해 은밀하게 접근하는 상어를 알아차릴 것이다. 바다표범에게는 좋은 일이지만 상어에게는 그렇지 않다.

송신기는 다른 이유로도 비판을 받는다. 송신기는 마치 피어싱처럼 상어의 피부나 지느러미를 뚫어 상처를 입힌다. 이 상처 때문에 상어가 감염될 수 있다. 송신기가 예정된 시간에 분리되지 않으면 상황은 더욱 악화된다. 등지느러미에 심한 흉터와 장기적인 손상을 입기 때문이다. 등지느러미는 상어에게 매우 중요하다. 마치 서프보드에 달린 핀처럼 상어가 빠르게 헤엄칠 때 안정감을 주기 때문이다. 그래서 이 추적 장치를 언제, 어떻게 부착할지 면밀하게 검토해야 한다. 그래야 가급적 상어에게 덜 상처 입히면서 연구도 원활하게 진행할 수 있다. 또한 이를 통해 데이터도 가능한 한 많이 확보해 상어 보호 활동에 활용할 수 있다.

실제로 호주의 샤크스마트 프로젝트Sharksmart project는 현재 송신기에 경고 시스템을 설치하는 테스트를 진행하고 있다. 이를 위해 음향 송신기가 삽입된다. 이 송신기는 동물의 복부 피부 아래에 이식되기 때문에 동물을 교란하거나 방해하지 않고 평생 남는다. 각 송신기에는 고유한 음향신호가 있는데, 바다에 설치된 수신소 근처에 오면 이 음향신호를 방출한다. 그러면 수신소는 실시간으로 샤크스마트 애플리케이션이나 트위터에 정보를 전달한다. 이렇게 하면 해변 방문객은 온라인으로 상어에 대한 정보를 알 수 있다. 그러나 이 시스템 역시 아주 비싸고 수많은 동물에 음향 송신기를 이식하는 작업도 비용이 많이 든다. 그럼에도 사람과 해양 동물의 불행한 만남을 피하고 두려움을 줄이면서 연구에 필요한 데이터를 수집할 수 있다면 의미 있는 투자가 될 것이다.

✳

이제 과학자들은 다양한 송신기를 통해 하얀 배의 육식어를 완전히 새롭게 통찰할 수 있게 되었다. 과거에 만연한 추측과 달리 백상아리가 실제로는 해안에 그리 얽매이지 않으며 드넓은 외해를 이리저리 돌아다니고 심지어는 대양 전체를 헤엄친다는 사실이 밝혀진 것이다. 백상아리는 장거리 헤엄도 전혀 문제없다. 2004년 암컷 백상아리 니콜은 남아프리카에서 호주까지 헤엄쳐 갔다가 다시 돌아왔다. 2만 킬로미터가 넘는 이 여정에 걸린 시간은 9개월이었다.

2000년 초, 과학자들이 PAT 송신기로 북태평양 백상아리 개체군을 추적하면서 예상치 못한 행동을 관찰했다. 과학자들은 캘리포니아 중부 해안에서 상어들에게 송신기를 부착했는데, 이 상어들이 어느 날 태평양 외해로 헤엄쳐 나가더니 하와이의 군도로 향하기 시작했다. 이때 일부 상어는 거의 4000킬로미터나 헤엄쳤다. 그곳에 도착하자 상어들은 잠수 행동도 바꿨다. 연안 지역에서는 보통 수면과 수심 30미터 사이에 머물렀는데, 외해로 나가자 수면 혹은 수심 300~500미터 사이에서 헤엄쳤다. 상어들은 외해에서 몇 달을 보낸 뒤 해안으로 돌아왔다. 이는 일시적인 행동이 아니라 여러 해에 걸쳐 반복적으로 나타났다.

이처럼 백상아리의 행동반경은 연안으로 국한되지 않는다. 심지어 봄부터 여름까지 거의 반년 동안은 드넓은 대양 한

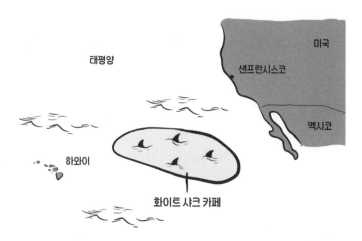

화이트 샤크 카페는 바하칼리포르니아 반도와 하와이군도 사이의 수백 킬로미터에 걸쳐 펼쳐져 있다.

가운데를 분주하게 돌아다닌다. 연구자들은 이곳을 '공동 연안 사냥터'라는 의미를 담아 SOFA^{Shared offshore foraging area}라고 명명했다. 하지만 이 명칭보다는 화이트 샤크 카페^{white shark café}라는 별명으로 널리 알려져 있다.

　이름에서 알 수 있듯이 상어는 사냥하기 위해 이 구역으로 간다. 위성 촬영을 통해 이 해양의 절단면을 파악해 이 구역의 생산성을 밝혀낼 수 있다. 위성은 녹색을 측정할 수 있으므로 수면의 엽록소 함량도 알 수 있다. 엽록소의 함량을 알면 바닷물에 식물성플랑크톤이 얼마나 있는지도 추론할 수 있다.

바다에서는 주로 식물성플랑크톤이 엽록소를 갖고 있기 때문이다. 게다가 식물성플랑크톤은 먹이사슬의 기초를 형성하기 때문에 이 바다 절단면에서 얼마나 많은 해양 생물을 만날 수 있는지를 평가하는 지표가 된다.

그런데 화이트 샤크 카페를 찍은 위성사진은 '카페'라는 단어와는 전혀 다른 이미지를 보여 준다. 영양적 측면에서 보면 오히려 사막과 다름없어 보이기 때문이다. 화이트 샤크 카페는 태평양 전체에서 엽록소 함량이 가장 낮은 곳 중 하나로 꼽힌다. 과학자들은 이곳을 돌아다니는 해양 동물이 거의 없다고 확신했다. 그렇다면 백상아리가 먹이를 사냥할 확률은 0퍼센트나 다름없다. 그럼에도 백상아리는 왜 머나먼 길을 헤엄쳐 왔을까? 이곳에 오게 된 동기는 무엇일까? 이곳에서 무슨 행동을 할까?

이 질문의 해답을 찾기 위해 과학자 바바라 블록Barbara Block 과 그가 이끄는 팀은 2018년 화이트 샤크 카페의 중심부에서 모든 것을 캐내기로 했다. 이들은 2017년에 백상아리 38마리에게 송신기를 부착한 바 있다. 이번에는 잠수 로봇, 수중 드론 등 최신 기술로 바다 한가운데의 어두운 심해까지 최대한 정밀하게 조사했다. 이들은 놀라움을 금치 못했다. 사막과 다를바 없다고 추정되던 이곳이 실은 생명이 넘치는 오아시스였던 것이다!

왜 위성사진에는 엽록소가 거의 보이지 않았을까? 인공위성은 광학 원리로 작동하기 때문에 수면에 있는 엽록소만 측정할 수 있기 때문이다. 더 깊은 곳은 못 들여다본다. 하지만 햇빛은 물의 투명도에 따라 수심 200미터까지 뚫고 들어갈 수 있다. 그래서 상당히 깊은 곳까지 식물성플랑크톤이 살 수 있다. 화이트 샤크 카페가 바로 이 경우에 해당한다. 과학자들은 해당 지역의 수심 100미터 지점에서 엽록소와 플랑크톤의 함량이 높다는 사실을 밝혀냈다. 당연히 플랑크톤을 먹고 사는 수많은 물고기와 무척추동물도 발견했다. 그래서 이 카페는 백상아리는 물론 다른 포식자에게도 기름진 먹거리를 제공한다. 상어가 태평양 한가운데에서 더 깊이 잠수하는 이유가 바로 이것이다. 상어는 해안에서 보통 수심 30미터 이상 잠수하지 않는다. 반면 화이트 샤크 카페에서는 수면 아래 100미터 지점에 머물거나 심지어 수심 500미터까지 잠수하는 양상을 보였다. 아마도 심해에서 올라오는 큰 동물을 사냥할 것이다. 마치 뷔페에서 간식을 먹는 것처럼 말이다.

하지만 연구자들은 상어가 매해 이곳에 다시 모이는 이유가 반드시 먹이 때문만은 아닐 수 있다고 추정한다. 백상아리는 헤엄칠 때 암컷과 수컷이 서로 두드러지게 다른 모습을 보인다. 봄에는 수컷 백상아리들이 카페 한가운데로 점점 모이기 시작한다. 이들은 수심 30~200미터 사이에서 여러 차례 빠르게 오르내린다. 반면 암컷은 카페의 외곽에 머무른다. 가끔 가운데로 가지만 오래 머무르지는 않는다. 또한 암컷은 수컷에 비해서 잠수하는 모습이 눈에 띄지 않는다. 수컷은 늦어도 8월에는 해안으로 되돌아가지만 암컷은 카페에 조금 더 오래 머문다. 이 시기에 카페 중앙부에 특정한 먹이가 있기 때문일수도 있다. 오징어가 그곳에서 산란하려고 모이는 광경이 관찰된 적이 있다. 그러나 이것은 상어가 성별에 따라 다르게 행동하는 이유를 설명하지 못한다. 그래서 두 번째 가설이 등장한다. 바로 짝짓기와 관련이 있다는 가설이다.

수컷 백상아리는 카페 중앙에 이른바 렉lek이라고 불리는 교미 장소를 만든다. 상어가 렉을 만드는 광경이 이때 처음으로 관찰되었다. 여기서 여러 수컷이 암컷을 유혹하려고 애쓴다. 그러면 암컷은 욕구와 기분에 따라 렉에 들어와서 최고의 수컷을 고른다. 수컷 상어가 빠르게 올라갔다 내려갔다 하며 잠수하는 행동은 페로몬 냄새를 맡고 있다는 의미일 수 있다. 페로몬은 수직보다 수평으로 여러 해수층에 더 잘 퍼지기 때문이다. 잠수는 구애의 춤 혹은 경쟁하는 행위일 수 있다. 하지만 이는 증명되지 않은 가설에 불과하다. 그동안 백상아리의 번식 전략에 대해 알려진 바가 적기 때문에 이것이 정말로 번식을 위한 행위라면 새로운 과학적 사실을 알아낼 수 있을 것이다.

연구자들에게는 화이트 샤크 카페가 신선했지만, 이미 이곳이 메마른 땅이 아니라는 사실을 알고 있던 사람들도 있었다. 연구자들은 그곳에서 줄낚시를 하는 선단을 여럿 마주쳤다. 이들은 아마 참치를 잡으러 왔겠지만 유감스럽게도 상어도 많이 잡혔다. 특히 최근 50년 동안 어업이 증가하면서 전 세계의 상어 개체 수가 줄어들었다. 상어는 다른 물고기와 함께 그물에 걸리기도 하지만 직접적인 낚시의 대상이 되기도 한다. 상어 지느러미와 상어 고기가 유럽에서 인기 있기 때문이다.

상어는 다른 명칭으로 판매되기 때문에 사람들은 자기가 상어를 먹는다는 사실을 모를 때가 많다. 실러로케는 훈제한 **곱상어**_Squalus acanthias_의 옆구리 살을 말아서 만든 음식이다. 곱상어는 국제 자연 보전 연맹IUCN이 제정한 멸종 위기종 적색 목록에 올랐다. 상어는 기름진 생선, 송아지 생선, 붕장어, 돌연어라는 이름 뒤에 숨겨져 있다. 마찬가지로 모조 게맛살에도 상어 고기가 포함될 수 있다. 그러니 어류를 구입할 땐 두 눈을 똑바로 떠라! 상어를 보호할 뿐만 아니라 자신의 건강을 위해서도 말이다. 왜냐하면 상어 고기는 수은과 같은 중금속의 농도가 매우 높은 경우가 많기 때문이다.

스쿠알렌 또는 스쿠알란이라고 불리는 상어간유는 크림이나 립스틱과 같은 화장품에 들어간다. 스쿠알란은 식물에서도 얻을 수 있지만 아시아 지역에서는 지금도 대부분 상어의 간에서 추출한다. 더 값싸기 때문이다. 유럽의 화장품 제조 업체는 소비자의 눈치를 보며 동물성 원료를 최근 몇 년간 식물성으로 전환했다. 여러분이 사용하는 크림에 식물성 스쿠알란 phytosqualane이라는 성분 표시가 있다면 안전한 편이라 할 수 있다. 스쿠알란은 백신의 부스터 샷에도 사용된다. 또한 '상어간유'라는 명칭 그대로 건강 보조 식품으로 판매되기도 한다. 상어가 뼈 대신 가진 연골은 갈아서 정제한 뒤 류머티즘의 치료

곱상어라는 명칭은 두 개의 등지느러미 앞부분에 각각 달린 가시에서 비롯된다.*
곱상어는 최대 160센티미터까지 자란다. 실러로케 또는 붕장어로 더 잘 알려져 있고 식용 생선으로 인기가 높다. 남획이 심해 멸종 위기종 중 적색 목록에 올라 있다.

제로 쓰인다. 이뿐 아니라 스포츠 낚시도 상어의 개체 수를 줄인다. 상어를 잡자마자 다시 바다에 돌려보내지 않는 한 말이다.

해마다 최대 1억 마리의 상어가 살해당한다는 이야기가 자주 나오지만 수치에 대해서는 과학자마다 의견이 분분하다. 전 세계의 상어 개체 수가 90퍼센트나 감소했다는 견해는 과학적으로 별로 타당하지 않다. 종에 따라 장소에 따라 각양각색이기 때문이다. 하지만 어쨌든 최근 50년 동안 상당수의 상어가 거의 모든 장소에서 급격하게, 때로는 위험 수준으로 감소했다는 데에는 이견이 없다. 현재 상어와 가오리는 종의 약 3분의 1이 멸종 위험에 처했다. 이조차 우리가 아는 정보에서 도출한 수치다. 우리는 전체 상어종과 가오리종 중에서 50퍼센트만 알고 있다. 우리는 아는 게 너무 없다. 그러니 상어와 가오리가 처한 위험을 정확히 파악할 수 없다. 백상아리도 멸종 위기종 적색목록에 있다. 2000년부터 위험 상태로 분류되어 국제적인 보호종으로 간주된다. 그러므로 앞서 말한 백상아리가 특히 잘 모이는 곳에서 낚시를 하는 행위는 생태계에 치명적이다. 이 때문에 현재 화이트 샤크 카페를 유네스코 문

• 곱상어는 독일어로 'Dornhai'인데 가시 상어라는 뜻이다.

화유산으로 등재하려는 시도가 나타났다. 그러면 그곳에서 어업을 금지할 수 있고 백상아리를 더 잘 보호할 수 있다.

상어에 대한 우리의 지식은 불완전하다. 그래서 상어는 화이트 샤크 카페처럼 전혀 예상하지 못한 장소에 등장해 우리를 깜짝 놀라게 한다. 그런 장소가 또 있다. 바로 샤케이노 sharkano라 불리는 곳이다. 혹여라도 샤크와 토네이도의 합성어이자 황당무계한 영화의 제목인 〈샤크네이도Sharknado〉와 혼동하지 마시길(이 영화에서 상어들은 토네이도를 타고 여러 지역을 날아다니며 마주치는 모든 것을 갈기갈기 찢는다). 샤케이노는 샤크와 볼케이노volcano의 합성어다. 상어를 뱉는 화산이 아니다. 심해 화산의 이름이다. 상어들은 이 화산 주변을 헤엄쳐 다닌다. 처음에는 별로 특별하게 들리지 않을지도 모른다. 하지만 물속에 있어도 화산은 여전히 화산이다. 심해 화산이 터지면 불을 내뱉지는 않지만 섭씨 400도 이상으로 뜨거워질 수 있는 물과 마그마를 내뿜는다. 각종 염분, 금속, 가스가 혼합된 이 물은 섞인 물질에 따라 검은색 또는 하얀색을 띤다. 이 색깔 때문에 물이 위쪽으로 올라갈 때 연기가 피어오르는 것처럼 보인다. 물과 미네랄의 혼합물은 육지의 화산에서 나오는 연기구름처럼 좀 더 높은 해수에서 이른바 열수구름이 된다.

세상에서 가장 크고 매우 활발한 심해 화산 중 하나가 바로 카바치Kavachi다. 카바치는 솔로몬제도에 속한 뉴조지아군도에 있다. 카바치의 높이는 수심 1000미터 이상 지점부터 수면 아래 24미터 지점에 이른다. 폭발은 빈번하면서도 매우 강력해 물 위에서도 보고 들을 수 있다. 2015년 카바치가 휴지기일 때 과학자들은 이 위험한 화산에 과감히 접근했다. 그동안 연구가 거의 이루어지지 않은 심해 화산 안을 연구하기 위해서였다. 그들은 미끼를 단 카메라를 분화구 안 50미터까지 넣었다. 이때 미끼를 먹으려는 손님이 떼로 나타났고 과학자들은 놀라지 않을 수 없었다. 버둥거리는 동물성플랑크톤 외에도 작은입줄전갱이나 도미 같은 다양한 물고기가 열수구름을 누비며 빠르게 헤엄쳐 다녔다. 하지만 무엇보다 가장 극적인 등장은, 분화구 깊은 곳에서 쏜살같이 나온 **홍살귀상어**Sphyrna lewini와 **미흑점상어**Carcharhinus falciformis다. 심지어 아주 희귀한 손님인 **잿빛잠상어**Somniosus pacificus가 그 명성을 뽐내며 카메라 앞을 천천히 헤엄쳐 지나갔다.

과학자들은 너무나 깊은 인상을 받고 이 화산에 아홉 개의 별명을 붙였다. 샤케이노라는 명칭도 이때 만들어졌다. 이런 명칭이 붙은 이유는 지역적이면서 극단적인 이 구역을 좀 더 가까이에서 들여다보면 참으로 놀랍기 때문이다. 평균 수온은 섭씨 40도로 보통의 해수가 절대 도달하지 않는 온도다.

이곳은 산성도가 6.1ph로 상당히 강했고 유황 함량도 높다. 실제로 살기에는 좋지 않지만 그럼에도 상어와 물고기는 극한 조건을 감수하며 분화구 아래에 머물고 있다. 여기에 추가로 화산이 폭발할 위험도 있다. 지금까지 연구된 몇 안 되는 심해 화산의 분화구 내부에는 물고기 시체로 뒤덮인 지역인 킬 존kill zone이 있을 정도다.

카바치의 분화구는 다른 심해 화산에 비하면 매우 넓고 수면과도 아주 가까워서 바다의 표면 해류와 바람이 물을 더 잘 섞이게 만들고, 그 결과 독성이 감소한 것으로 추정된다. 마리아나제도의 본토 화산이 폭발할 당시 카바치의 분화구에 사는 어종과 동일한 어종이 폭발의 여파에 가장 덜 시달렸다. 이는 해당 어종이 화산 기후에서 살아남으려면 어떻게든 악착같이 적응해야 했음을 의미한다. 화산이 폭발할 때 물고기들은 어떻게 반응할까? 고통 없이 금방 죽어 버릴까? 아니면 폭발을 미리 감지하고 도망갈까?

상어는 로렌치니 기관이라는 고도로 예민한 감각기관이 있다. 상어는 이 감각기관으로 전기장과 온도차, 심지어 지구 자기장도 감지할 수 있는 듯하다. 이 기관이 발달한 이유는 사냥을 잘하기 위한 목적으로 추정되지만 카바치 분화구에서 살아남기 위한 경고 시스템일 수도 있다. 특히 **귀상어**Smooth ham-

*merhead, Sphyrna zygaena*는 머리가 망치를 눕힌 것처럼 퍼졌기 때문에, 로렌치니 기관이 있는 구멍이 유난스러울 정도로 많다. 그래서 이 감각기관의 이점을 마음껏 누릴 수 있다. 결국 심해 화산 탐험을 통해 해답보다는 의문점을 더 많이 가져왔지만, 과학계에서는 흔한 일이다. 이 탐험 덕분에 그동안 거의 알려지지 않던 심해 화산과 열수구름의 생활공간을 들여다볼 수 있었다. 또한 이 생활공간이 해양생태계에서 생각보다 훨씬 큰 역할을 할 것이라는 가능성을 확인하게 되었다.

상어는 지금까지도 우리에게 많은 수수께끼를 던지고 예상치 못한 장소에 나타나 우리를 깜짝 놀라게 한다(우리 집 욕조에만 나타나지 않기를 바랄 뿐이다). 분명한 것은 상어가 먹이사슬 꼭대기에 있기 때문에 자기가 속한 생태계의 균형을 유지한다는 점이다. 만약 상어의 개체 수가 계속 감소하면 이 생태계에 예측할 수 없는 결과를 초래할지도 모른다. 상어는 성장 속도가 느리다. 번식기에 도달하는 기간이 종에 따라 2년에서 20년까지 걸린다. 임신 기간도 9~12개월로 길고, 낳는 새끼의 수도 2~20마리 정도밖에 되지 않는다. 게다가 상어는 남획에 취약하다. 바로 이 점에서 상어 연구자의 역할이 중요하다. 상어를 연구하고 더 잘 이해해야 이들을 잘 보호할 방법을 알아낼 수 있기 때문이다.

7

심해 구름

생태계의 기원

1960년대의 10년간은 인류에게 매우 중요했다. 1969년 전 세계 거의 모든 인구가 흑백텔레비전으로 닐 암스트롱Neil Armstrong이 달에 내디딘 첫걸음을 뒤쫓았다. 당시에 태어나지 않은 사람조차 세상을 뒤흔든 그의 명언을 알고 있을 정도다. "한 사람에게는 작은 발걸음이지만, 인류에게는 커다란 도약이다."

그로부터 9년 전, 달 착륙만큼 유명하지는 않지만 대단한 기록이 또 하나 있다. 1960년 1월 23일, 자크 피카르Jacques Piccard(그의 삼촌인 장 피카르Jean Piccard는 발명가였는데, 〈스타트렉〉에 등장하는 장 뤽 피카드 선장의 이름은 그의 이름에서 따왔다)와 돈 월시Don Walsh는 마리아나해구의 가장 깊은 지점까지 잠수했다. 무려 1만 984미터다. 이 깊이에서는 1제곱센티미터 당 무려 1.1톤의 압력이 가해진다. 사람은 물론 잠수함조차 견디기 힘든 엄청난 압력이다. 당시에는 이렇게 수심이 깊고 압력도 높은 곳에서 물고기가 절대 살지 못한다는 견해가 우세했다. 그래서 피카르와 월시가 넙치와 새우를 보았다고 말해도 사람들은 믿지 않았다.

이 역사적인 잠수 이후 심해 연구가 급속도로 진행되면서 암흑의 왕국에 빛이 드리워졌다. 그러자 바다 밑바닥이 황량한 사막 같지 않다는 사실이 드러났다. 그곳에는 거대한 산맥, 계곡, 협곡이 있고 화산활동도 일어나고 있었다. 해저는 흥미로운 연구의 장이 되었다. 특히 열수분출공은 심해 연구에서 가장 중요한 연구 대상이 되었다. 열수분출공은 대양중앙 해령* 근처에서 발견된다. 이 해령은 해저화산이 활동하는 곳으로, 여기서 마그마가 상승해 새로운 해저를 형성한다. 이러한 활동으로 해양지각에 균열과 파열이 생기고 해수가 밀려들어 온다.

이곳의 물은 뜨겁게 달아오른 마그마와 만나 섭씨 400도까지 가열될 뿐만 아니라 뜨거운 암석과도 반응한다. 그 결과 다양한 미네랄은 물론 황화물, 철, 망간, 구리, 아연, 코발트 같은 금속이 축적된다. 또한 물은 이산화탄소, 메탄, 수소, 황화수소 같은 가스도 흡수할 수 있다. 그런 다음 균열된 지각으로 침

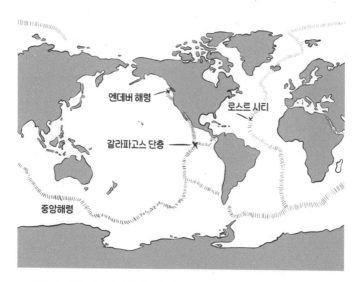

중앙해령은 대양 전체에 걸쳐 있으며 열수분출공으로 덮여 있다. 갈라파고스 단층에서 인간은 역사상 처음으로 심해 열수분출공을 두 눈으로 목격했다.

투해 깊은 바다 밑으로 쏜살같이 들어간다. 용해된 물질의 내용물과 온도에 따라 뜨거운 물은 검은색 또는 하얀색이 된다. 이때 물의 화학 성분은 물이 흘러나오는 위치와 관련이 깊다. 뜨거운 물이 해저에서 섭씨 약 2도의 차가운 물과 만나면 용해된 미네랄 일부가 침전된다. 즉, 미네랄이 다시 고체가 되어 해

• 　각 대양의 중앙 부근에 있는 해저 산맥.

저에 내려앉고 시간이 흐르면서 축적되어 해저 주변에 일종의 고층 굴뚝을 형성한다.

지금까지 발견된 해저 굴뚝 중 가장 높은 것은 로스트 시티Lost city라는 열수분출공 지대에서 발견되었다. 이 굴뚝은 60미터에 이른다. 분출공과 굴뚝을 발견한 과학자는 명칭을 직접 지정할 수 있다. 탐사선에 썰렁한 농담을 즐기는 과학자가 있으면 어린 시절 즐겨보던 애니메이션의 주인공 이름으로 짓는 경우가 있다. 예를 들면 사스콰치, 고질라, 스쿠비, 트위티, 로드러너, 호머 심슨처럼 말이다.

1977년 과학자들이 잠수함 앨빈호를 타고 갈라파고스제도 근처의 중앙해령 수천 미터 깊이에 있는 열수분출공을 조사한 적이 있다. 분출공을 처음 본 과학자들은 자신의 눈을 믿을 수 없었다. 심해저가 생명체로 가득 차 있었기 때문이다. 거대한 벌레, 홍합 서식지, 흰새우 떼, 그리고 진기한 물고기가 뜨거운 분출공 주위를 맴돌았다. 이 발견은 화성인을 목격한 것이나 마찬가지였다. 당시 생물학자들은 그렇게 깊은 곳에는 생명체가 살 수 없다고 생각했다. 압력이 엄청나서 마치 애니메이션에서 잔디 롤러에 말려 들어간 캐릭터처럼 으깨질 것이라고 생각했으며, 햇빛을 받지 않고 사는 삶이 가능하다는 것을 이해하지 못했다.

우리 모두는 말할 것도 없고, 지구상의 모든 생명체는 에너지가 필요하다. 이 에너지는 태양이 제공한다. 인간과 동물은 이 에너지를 직접 사용할 수 없다. 몸을 조금 녹이려고 에너지를 쓰는 행위는 제외하고 말이다. 간단히 말하면, 우리는 에너지를 유기물로 바꿔 양분으로 만든다. 식물 같은 광합성 생물은 우리를 위해 태양에너지를 양분으로 바꾸는 작업을 맡는다. 광합성은 고대 그리스어에서 비롯되었는데 '빛의 합성'이라는 의미와 무척 유사하다. 광합성은 빛에너지로 무기물, 정확히 말하면 이산화탄소, 물, 당, 산소를 만든다. 이렇게 빛에너지는 지구인이 사용할 수 있는 화학에너지로 변환된다. 우리는 스스로 빛에너지를 화학에너지로 전환할 수 없기 때문에 이렇게 전환된 것을 먹어야 한다. 또는 이 에너지를 섭취한 것, 이를 섭취할 수 있는 것을 먹는다. 그런데 심해에서 오아시스가 발견된 것이다. 이 존재는 태양에너지가 반드시 필요하다는 원칙과 모순된다. 영원한 암흑인 곳에서 어떻게 생명이 존재할 수

$$6H_2O + 6CO_2 \xrightarrow{\text{빛}} 6O_2 + C_6H_{12}O_6$$

물　　　　이산화탄소　　　　　　　　　　산소　　글루코스(포도당)

있을까? 어떻게 이렇게나 다양한 생명체가 살아갈 수 있을까?

최근 심해 생물종이 다양성 면에서 산호초와 열대우림에 필적할 만하다는 증거가 나왔다. 심해동물은 때때로 수면에서 내려오는 죽은 생물을 먹기도 하지만 이런 경우는 매우 드물어서 모든 심해동물을 부양하기에는 충분하지 않다. 이 동물들이 분출공 주변을 분주하게 돌아다니지만 더 이상 먹이를 발견하지 못하는 모습이 관찰되었다. 상황은 머지않아 명확해졌다. 수면의 식물성플랑크톤처럼 이곳 역시 미생물이 모든 것을 제대로 돌아가게 하는 것이다. 광합성 박테리아 대신 화학합성 박테리아와 고세균*이 열수분출공에 퍼져 있는 양분의 기반을 형성한다. 햇빛과 달리 화학합성 박테리아와 고세균은 산화환원반응으로 이산화탄소에서 당을 만든다. 누구나 학교 다닐 때 이런 화학 실험을 싫어했다는 걸 잘 안다. 당신의 오래된 트라우마를 일깨우고 싶지는 않지만 이산화탄소와 당은 에너지 공급이나 축적 반응의 기초를 형성한다. 여기서는 짧게 설명할 테니 걱정하지 마시길.

산화환원반응은 영어로 'Oxidation-reduction reaction'인데 짧게 줄여서 'redox'라고 일컫는다. 산화환원반응은 기본적으로 전자가 산소의 형태로 한 원자에서 다른 원자로 전달되는 것을 의미한다. 이 과정에서 에너지가 방출된다. 이때 일어나는 반응 중 산화되는 부분은 전자를 얻고, 환원되는 부분은 전자를 내준다. 이게 끝이다.

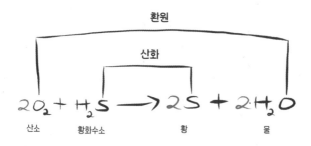

$$2O_2 + H_2S \longrightarrow 2S + 2H_2O$$

산소 　　　황화수소 　　　　　 황 　　　　　 물

　　화학합성 미생물은 이를 위해 연기에 용해된 미네랄 화합물을 사용한다. 예를 들어 검은 연기에서는 황화수소가 쓰이며 산소의 도움으로 황으로 산화된다. 이와 동시에 산소는 물로 환원된다. 이때 광합성과 유사하게 전자전달 연쇄계가 형성되어 이산화탄소에서 당을 형성하는 데 사용할 에너지가 만들어진다. 철, 메탄, 망간 같은 화합물도 산화환원반응 덕분에 양분 공급 서비스를 할 수 있다. 이 미미해 보이는 화합물은 내열성이 극도로 좋아 고온의 분출공 주변을 헤엄치거나 생물막으로 자란다. 생물막은 엄청난 수의 화합물이 모여 미생물 매

• 　　단세포로 된 미생물의 한 종류.

트를 형성한 것이다. 새우나 게 같은 동물이 이것을 뜯어먹거나 조개나 유충이 물에 걸러 섭취한다. 일부 동물은 훨씬 쉽게 화합물을 직접 만들어 내기도 한다. 즉 미생물을 내부 조직으로 끌어들여서 미생물로부터 직접 양분을 받는다. 그 보답으로 미생물은 안락한 생활공간을 얻고 굶주린 포식자로부터 보호받는다.

이러한 공생과 관련해 가장 잘 알려진 사례가 바로 거대한 **관벌레***Riftia pachyptila*다. 관벌레는 열수분출공에 단단하게 고정된 관 속에 산다. 관벌레는 관을 절대 떠나지 않으며 위험에 빠졌을 때는 관에 있는 상태로 도망갈 수 있다. 벌레와 함께 자라는 이 관은 최대 1.5미터까지 자란다. 바깥이 평온하면 관벌레는 깃털과 비슷하게 생긴 머리를 하얀 관 밖으로 늘어뜨린다. 머리는 새빨간 술로 채워져 있다. 관벌레는 술을 흔들어 황화수소가 함유된 물을 섭취한다. 자기와 공생하는 유황 박테리아에게 제공하기 위해서다. 이 유황 박테리아는 관벌레 안에 특별히 만들어진 기관에 자리를 잡으며, 관벌레 몸통의 거의 3분의 1을 채울 정도로 그 수가 많다. 유황 박테리아는 착실하게 당을 생산해 관벌레와 나눈다. 이 공생 시스템이 매우 잘 되어 있기 때문에 관벌레는 입이나 항문이 없다.

관벌레는 맹독성인 황화수소를 받아들이기 위해 특수한

형태의 헤모글로빈을 개발했다. 일반적으로 헤모글로빈은 산소와 이산화탄소가 결합되어 있는데 관벌레의 헤모글로빈은 황화수소와도 의도적으로 결합해 벌레의 세포를 손상하지 않도록 주의를 기울이며 공생체로 운반한다. 이렇듯 헤모글로빈의 함량이 높은 관벌레는 특유의 진홍색을 띤다.

이처럼 화학합성 미생물은 다양한 방법으로 영양의 기초를 형성한다. 미생물이 없다면 심해의 열수분출공에 풍부한 생명체는 절대 존재할 수 없다. 열수분출공은 지구상에서 유일하게 태양에 의존하지 않는 독립적인 생활권이다. 그렇다고 해도 미생물은 산소의 도움으로 물질을 산화시키기 때문에 극도로 제한된 조건이기는 하지만 열수분출공에서도 간접적으로 태양의 영향을 받는다는 사실을 알 수 있다. 잘 알려진 것처럼 산소는 광합성을 통해서만 생성되기 때문이다.

✳

열수분출공에 기반을 두기는 하지만 그곳으로부터 수백 미터 떨어진 생활권은 여전히 어둠 속에 묻혀 있다. 이곳이 해양의 물질 순환과 어떤 연관을 맺는지에 대해서는 아직 알려진 바가 거의 없지만 열수구름에 대해서 알려져 있다.

열수분출공에서 나오는 연기는 분출공 위로 계속 상승한다. 뜨거운 물은 밀도가 낮아서 심해의 차가운 물보다 가볍기 때문이다. 따라서 연기는 수백 미터 높이로 상승하는 동안 서서히 식으며, 주변의 물과 섞여 결국 바닷물과 동일한 밀도에 도달한다. 이 순간부터 연기는 더 이상 피어오르지 않고 둥실둥실 떠서, 마치 층을 이룬 구름처럼 수평으로 퍼진다. 이 연기는 최대 1000킬로미터까지 퍼진다. 연기는 물과 섞이기는 하지만 그 안에 용해된 물질 때문에 여전히 주변의 물과 구분된다. 이는 담배 연기가 자욱한 싸구려 술집이나 물 담배 바의 광경과 비슷하다. 내뿜어진 연기는 천장에 모이고 서서히 공간 전체로 퍼지며 두 눈이 따가울 때까지 주변 공기와 계속 섞인다.

앞에서 배웠듯이 연기는 싱싱한 상태로 분출공에서 나와 상승하면서 산소가 있는 차가운 물과 반응한다. 그 과정에서 일부 물질이 침전하거나 산화된다. 당장 반응하지 않은 물질은 연기 기둥에 머무르며 미생물과 함께 계속 상승한다. 물질과 미생물은 높이 날아오르며 즐겁게 산화와 환원을 계속한다. 그러나 좀 더 높은 해수에 있는 다른 미생물과 바이러스도 싱싱한 열수구름을 반긴다. 박테리아 덩어리로 가득 찬 구름은 동물성플랑크톤이 풍성하게 차려진 뷔페와 비슷하다. 작지만 해양 동물성플랑크톤 중에서 가장 중요한 대표자로 꼽히는 요각류는 특히 열수구름 위에서 멋진 삶을 살고 있다. 열수분출공 주민의 유충도 구름 속에서 아주 편안한 기분을 느끼고 멀리 떨어진 열수분출공과 분출공의 마당을 오가는 길로 이용한다.

그래서 열수분출공은 바로 근처뿐 아니라 주변 수 킬로미터에 걸쳐 열수구름을 형성하고 그 한가운데에 독특한 생활권을 이룬다. 과학계에서 아직 해답을 찾지 못한 질문이 하나 있다. 좀 더 큰 동물도 열수구름을 먹이의 원천으로 여기고 관심을 기울일까? 알 수 없다. 해답을 찾지 못한 이유는 단순하다. 심해에서 수 킬로미터 길이의 구름을 관찰하기가 쉽지 않기 때문이다. 잠수함이나 카메라를 내려 보내도 구름에서 실제로 일어나는 일의 일부분만 볼 수 있다. 그물을 활용하고 물의 표본을 채집해도 비교적 작은 영역에 대해서만 알 수 있다. 마치 1월 첫째 주에 피트니스 클럽을 관찰하면서 이 도시 사람들이 운동을 열심히 한다고 생각하는 것과 마찬가지다. 4월에 다시 관찰한다면 생각이 완전히 달라질 것이다. 그만큼 타이밍도 중요하다. 짧은 기간 머물며 아무것도 못 보았다고 해서 그곳이 아무것도 없는 장소라는 의미는 아니기 때문이다.

이렇게 관찰하기 어려운 조건임에도 불구하고 열수구름에서 탈리아강 무리가 목격된 적이 있다. 탈리아강은 일반적으

열수분출공에서 나오는 검은 연기의 대략적인 스케치. 하얀 바탕에 그렸다. 이 그림에는 열수분출공에 거주하는 전형적인 생물인 관벌레, 새우, 게, 미생물이 묘사되어 있다. 분출공 위로 열수구름이 자라난다. 그런데 이곳에 사는 생물 종을 분출공 한 곳에서 전부 발견할 수는 없다. 연기가 피어오르는 분출공마다 고유한 종을 이루고 있기 때문이다.

왼쪽 상단 그림은 탈리아강 개체다.
오른쪽 상단 그림은 탈리아강 군락으로
그 길이는 몇 미터나 된다. 왼쪽 하단 그림은
유형류다. 투명한 올챙이를 닮았다.
오른쪽 하단 그림은 점액으로
이루어진 집이다.

로 이런 깊은 물에는 머무르지
않는다. 탈리아강은 피낭동물에
속하며 물에서 플랑크톤을 여과
해 먹고 산다. 탈리아강은 단일 개
체로 사는 동물이라 비교적 눈에 잘
띄지 않으며 길이가 몇 센티미터에 불과하고 투명한 고무호스
조각을 닮았다. 하지만 탈리아강이 모여 군락을 형성하면 몇 미
터에 이른다.

또 다른 피낭동물인 **유형류**Larvacea도 발견되었다. 올챙이
를 닮은 유형류는 처음에는 유충으로 오인되었다. 그래서 그런
이름이 붙었다.* 유형류는 탈리아강처럼 군락을 형성하지 않는
대신 점액으로 이루어진 집을 짓는다. 이 집은 유형류보다 수백
배나 크다. 유형류는 이 집을 활용해 물에서 양분을 걸러 낸다.

* 여기서 유형은 '어릴 때의 모양'이라는 뜻이다.

이런 식으로 동물성플랑크톤이 풍부하게 공급되면 물고기 같은 더 큰 사냥꾼을 끌어모을 것이다. 물고기가 이곳까지 깊이 잠수할 능력이 있다고 가정한다면 말이다. 과학자들은 열수분출공 근처 지표수에 물고기가 가득하다는 사실을 발견했다. 이는 물고기가 구름처럼 풍성한 동물성플랑크톤을 먹고 산다는 정황일 수도 있다.

참고래_Balaenoptera physalus_도 이 플랑크톤 구름 뷔페를 방문하는 것으로 추정된다. 이와 관련해 연구자들은 화산활동 지역인 엔데버 해령의 태평양 해저 지대에 배치된 해저면 지진계를 활용했다. 엔데버 해령은 미국과 캐나다를 잇는 태평양의 수심 2000미터에 위치한다. 엔데버 해령은 약 90킬로미터이며 화산활동이 매우 활발하다. 또한 열수분출공을 다수 보유하고 있다.

지진계는 원래 지진을 측정하기 위해 만들어졌지만 우연히 참고래와 대왕고래 같은 수염고래과를 연구할 때도 활용할 수 있다는 사실이 밝혀졌다. 지진계는 내장된 수중 청음기를 통해 물속의 음파를 측정하는 동시에 고래가 부르는 노래를 녹음한다. 대왕고래는 16헤르츠, 참고래는 20헤르츠 범위에서 노래한다. 이 데이터 덕분에 일부 참고래가 다수의 동족들처럼 가을에 남쪽으로 이동하지 않고 엔데버 해령으로 모인다는 사실이 밝혀졌다. 예의 바른 고래라면 입에 음식을 가득 넣은 상태에서 노래를 부르지 않기 때문에 오랫동안 노랫소리가 들리지 않는다면 고래가 그곳에서 먹이를 먹고 있다는 의미다.

고래 전체가 엔데버 해령에 집중적으로 모여 있기 때문에, 플랑크톤 구름에서 먹이를 구하며 겨울을 보내는 것으로 추정된다. 앞서 언급한 샤케이노는 자리돔과 상어가 구름 속에 직접 머무는 모습이 관찰된 몇 안 되는 사례 중 하나다. 위성 송신기가 부착된 장수거북도 샤케이노 주위를 맴도는 모습이 목격되었다. 이 동물들은 전형적으로 먹이를 찾는 행동을 보였기 때문에 과학자들은 이 화산이 먹이를 찾는 장소로 이용된다고 간주한다. 그러므로 이는 더 높은 해수층에 살면서 먹이사슬의 단계도 더 높은 위치에 있는 동물이 심해에 있는 구름 생태계에서 먹이를 먹고 산다는 증거다.

이는 바다의 물질 순환에 중요한 영향을 끼칠 수도 있다. 동물은 대개 먹이를 먹은 뒤 높은 해수층에 편하게 머물거나 운이 나쁘면 잡아먹힌다. 이런 식으로 심해에 있던 영양소는 더 높은 층의 해수로 운반된다. 이는 상당히 중요하다. 상부해수층에 철분 같은 특정 영양소가 유입되려면 이 과정이 필요하기 때문이다. 이러한 영양소는 녹색 광합성 활동을 하는 조그마한 바다 생물에게는 삶에 필요한 미량원소이지만 많은 지역에서 부족한 물자다.

예를 들어 북대서양에서 철분 비료의 주요 공급원은 바로 사하라사막의 모래다. 이 모래는 바람을 타고 먼 바다로 운반된다. 최근에는 철분이 열수구름을 타고 위로 상승해 플랑크톤의 비료가 되는 중요한 역할을 하는 것으로 추정된다. 최신 연구에 따르면 열수구름은 철분이 매우 부족한 남극해에서 조류가 엄청나게 번성하는 데 기여할 수 있다고 한다. 열수분출공과 열수구름이 물질 순환을 돕고, 그 결과 전 세계 해양 동식물에게 얼마나 중요한 영향을 끼치는지 아직 자세히 밝혀지지 않았음에도 이미 놀라움을 안겨 준다.

✳

심해의 열수분출공과 그곳에 사는 생물을 발견한 덕분에 생물학뿐만 아니라 생명공학 및 의학에도 엄청난 발전이 이루어졌다. 섭씨 121도에 육박하는 이곳에 생명체가 존재할 수 있다는 사실은 반향을 일으킬 만하다. 아울러 이곳은 유전학 차원에서도 보물창고다. 이 비범한 미생물로부터 얻은 내열성효소는 DNA 복제에 사용되는 중합효소연쇄반응, 줄여서 PCR 같은 생명공학 응용 기술을 뚜렷하게 향상시켰다. PCR은 아마도 코로나19 팬데믹 이후 사람들에게 제대로 각인되었을 것이다.

여러 가지 화학합성 방식을 발견하자 지구 생명체의 기원에 관한 새로운 이론이 등장했다. 수중의 열수분출공은 약 42억 년 동안 존재했으며 생명체의 발생지일 가능성이 있다는 이론이다. 실험실에 열수분출공의 환경조건을 모방해 설치했더니 지방산 수포가 자연 발생적으로 형성되었다. 그런데 이 지방산 수포는 원세포의 전구체*와 유사하다. 실제로 열수분출공에서 생명체의 기원이 탄생했다면 오늘날 그곳에 사는 미생물 중 일부는 아마도 최초로 존재한 미생물이 남긴 기능성 유물을 여전히 지니고 있을지도 모른다. 따라서 심해에서 이 미생물을 발견하는 여정은 선사시대로 떠나는 시간 여행인 셈이다.

접근하기도 어려운 심해생태계는 안타깝게도 인간의 위협을 받고 있다. 종종 그렇듯이 새로운 기술이 비약적으로 발전하면서 심해 탐사뿐만 아니라 채굴도 가능해졌다. 심해의 대규모 황화물이나 망간단괴에 망간, 구리, 니켈, 코발트가 있고 심지어 금처럼 경제적으로 중요한 금속도 있기 때문에 채굴이

* 어떤 물질대사나 반응에서 특정 물질이 되기 전 단계의 물질.

강력히 추진되고 있다. 하지만 그 과정에서 심해생태계가 회복 불가능할 정도로 파괴될 위험이 있다. 열수구름처럼 좀 더 높은 해수층에 있는 생태계에도 영향을 끼칠 가능성이 있지만 지금까지는 무시되었다. 그러나 앞으로는 이러한 내용을 반드시 논의해야만 한다. 우리는 열수분출공 생활권과 나머지 해양 생태계의 중요성은 물론 인간에게 간접적으로 끼치는 영향을 이제 막 이해하기 시작했다. 그러므로 해양생태계가 파괴되면 어떤 결과가 나올지 짐작조차 할 수 없다. 지난 수 세기 동안 인간이 어떻게 자연을 돌이킬 수 없이 파괴해 왔는지 더 확실하게 인식하는 시대에 살고 있다. 그러므로 우리는 실수로부터 배워야 한다. 지구에서 인간이 건드리지 않은 마지막 생활권을 파괴하지 말아야 한다.

8

해양 곤충의 세계

유전

작가 테리 프래쳇Terry Pratchett은 소설 《마지막 대륙The Last Continent》에서 매혹적이고 기이한 가상 세계 디스크월드에 있는 진화의 신이 몇 시간 동안 새로운 동물을 조립하는 과정을 묘사한다. 진화의 신은 성性을 발명하지 않고 동물을 직접 손으로 창조한다. 이 때문에 동물은 스스로 번식하지 못한다. 손으로 만드는 것을 좋아하는 진화의 신이 가장 좋아하는 동물은 바로 딱정벌레다. 프래쳇은 현실에서 영감을 받았다. 딱정벌레는 40만 종 이상으로, 동물계에서 가장 많은 종이 존재하기 때문이다. 딱정벌레는 곤충강에 속하는데, 여기에 속한 종은 100만 종이 넘는 것으로 추정되어 동물계에서 가장 많은 종을 보유한 강으로 꼽힌다.

모두가 아는 곤충인 파리는 멀리 쫓아내도 어느새 짜증스럽게 얼굴을 기어다니고는 한다. 모기는 끊임없이 윙윙대 잠을 설치게 하고 다음 날이면 물린 곳이 가렵기 시작한다. 이 벌레들이 옮길 수 있는 질병에 대해서는 입도 뻥긋하기 싫다. 공용 쓰레기통이라면 모조리 포위하는 말벌은 쓰레기를 버리는 무고한 시민을 공격할 준비가 항상 되어 있다. 빈대는 조용하고 은밀하게 호텔 투숙객을 온몸이 가려운 부스럼 괴물로 만든다. 이렇게 사람을 성가시게 하는 곤충 목록은 무한히 작성할 수 있다. 나비나 무당벌레를 제외하고는 대부분의 곤충이 환영받지 못하는 이유다.

곤충의 종류가 아주 다양하다는 것은 놀라운 일이 아니다. 결국 실내든 실외든 우리는 매일 곤충과 마주해야 한다. 그런데 곤충을 피해 평화를 누릴 수 있는 곳이 있다는 사실을 아는가? 바로 너무나 아름다운 바다다. 바다에는 곤충이 거의 없다. 지구에서 가장 크고 다양한 환경의 서식지에, 가장 다양한 종을 자랑하는 곤충이 거의 없다는 말은 상당히 이상하게 들린다. 이런 일이 일어날 수 있는 이유는 무엇일까?

오해를 피하기 위해 '바다'의 뜻을 정확히 밝히고자 한다. 여기서 바다란 육지에 종속되지 않은 물 위나 물속을 의미한다. 물려고 달려드는 모래파리를 만난 적이 있는 사람이라면 해변, 염습지, 맹그로브숲, 기수*에서 곤충과 싸워야 한다는 것을 알 것이다.

반면 물 위 또는 물속에서 평생을 보내는 곤충은 아주 극소수다. 예를 들어 바다에 사는 **바다소금쟁이**Halobates는 바다를 아주 좋아하거나 자신이 물고기라고 여기는 듯하다. 이 곤충은 연못이나 호수에서 발견할 수 있는 소금쟁이와 닮았을 뿐만 아니라 아예 같은 소금쟁이과에 속한다. 하지만 바다소금쟁이는 담수에 사는 친척과는 다르게 어떠한 성장 단계에서도 날개를 형성하지 않는다. 현재 바다소금쟁이는 46종으로 알려져 있는데 이 수는 빠르게 바뀔 수 있다. 바다소금쟁이 종 대부분은 해안과 맹그로브 지역에 서식하지만 그중 다섯 종(H. germanus, H. micans, H. sericeus, H. sobrinus, H. splendens)은 평생을 외해에서 보낸다. 이들은 대서양의 열대 지역, 인도양, 홍해에서 발견되고 심지어 열대 태평양에는 다섯 종 모두 서식하고 있다.

바다소금쟁이는 상당히 따뜻한 물에 사는데, 섭씨 24~30도의 목욕물 온도에서 가장 편안함을 느끼는 듯하다. 햇빛을 받으면 은회색으로 반짝이며 몸체는 0.5센티미터로, 다리 길이가 1.5센티미터인 것에 비해 작다. 바다소금쟁이는 수면

* 민물과 바닷물이 만나는 경계의 물.

에 떠 있기 위해 긴 다리가 필요하다. 하지만 물속으로 밀어 넣거나 물보라를 퍼부어도 코르크 마개처럼 다시 수면으로 튀어 오른다. 여러 층으로 이루어진 방수 털이 공기를 유지하는 덕분이다.

이러한 조치가 있더라도 바다소금쟁이가 거친 폭풍우가 자주 일어나는 외해에서 평생을 보낸다는 사실은 인상적이다. 바다소금쟁이를 위협하는 것은 날씨만이 아니기 때문이다. 예를 들면 번식 문제가 그렇다. 바다소금쟁이가 알을 낳으려면 바다를 떠다니는 사물이 필요하다. 가령 씨앗, 나무나 플라스틱 조각, 부석, 깃털 등이 자주 선택된다. 바다소금쟁이는 둥지를 고를 때 전혀 까다롭지 않다. 사실 까다롭게 굴 여력도 없다. 그냥 곁에 떠다니는 것을 택한다. 한 탐험대는 바다를 떠도는 플라스틱 단지에서 7만 개가 넘는 바다소금쟁이의 알을 발견했다. 암컷 바다소금쟁이는 겨우 10개의 알을 낳으므로 7000마리가 넘는 암컷이 이 단지에 몰려들었던 게 틀림없다. 이를 통해 외해에는 알을 낳을 수 있는 곳이 매우 부족함을 알 수 있다.

외해에는 먹이 또한 그리 넉넉하지 않다. 바다소금쟁이는 주로 동물성플랑크톤을 먹고 산다. 즉 단세포생물, 게, 해파리, 유충 같은 아주 작은 해양 동물이다. 이들은 바다 표면 근처를 돌아다닌다. 잠수 능력이 없는 바다소금쟁이는 집게를 이용해 먹이를 찾는다. 그러나 플랑크톤은 언제, 어디에나 있는 게 아니고, 바다소금쟁이는 몸집도 작은 데다 바다의 변덕에 따라 비교적 좁은 반경에서 생활할 때도 있다. 그래서 때때로 동족을 식사 메뉴로 삼는 상황을 감수해야 한다. 부득이하게 발생하는 동족 포식을 제외하고 바다소금쟁이가 조심해야 할 동물은 바닷새나 전갱잇과 물고기다. 외해에서는 몸을 숨기기가 어렵기 때문에 포식자를 만났을 때 할 수 있는 행동은 한 가지뿐이다. 도망치는 것이다. 이때 바다소금쟁이는 초속 1미터(시속 3.6킬로미터)의 속도로 상당히 민첩하게 도망간다. 너무나 재빨라서 과학자들이 보트에 쳐 놓은 그물도 잽싸게 빠져나갈 정도다.

바다소금쟁이의 또 다른 속屬인 **헤르마토바테스**Hermatobates도 해양에서 활동한다. 헤르마토바테스는 바다소금쟁이의 자매 가족인 **헤르마토바티다에**Hermatobatidae의 유일한 속이다. 그리스어로 '암초를 달리는 자'라는 뜻인 헤르마토바테스는 매우 희귀해 찾아보기가 어렵다. 이 곤충을 잡을 수 있는 최상의 장소와 방법을 아는 과학자는 없다. 그물을 물속에 넣든가 산호초 꼭대기를 샅샅이 뒤지는 방법뿐이다. 곤충학자인 존 L. 헤링Jon L. Herring은 남태평양에서 2년 6개월 동안 연구 활동을 하면서 고작 세 마리의 표본을 찾을 수 있었다고 한다. 현재까지 14종이 있는 것으로 알려졌으며, 이 중 두 종(H. schuhi, H. palmyra)은 2012년에야 발견되었다.

헤르마토바테스는 산호초에서 지내므로 태평양, 대서양, 인도양의 열대 지역과 홍해에서 발견할 수 있다. 딱정벌레를 연상하는 둥근 몸체를 지녔고 몸길이는 종에 따라 2~4밀리미터로 다양하다. 다리는 바다소금쟁이만큼 길지는 않지만 날개가 발달하지 않아서 수면을 민첩하게 스쳐 지나갈 정도로는 길다. 방수 처리된 털이 촘촘한 층을 이루어 몸 전체를 둘러싸고 있다. 헤르마토바테스가 물속에 가라앉기 전에 공기가 털에 갇히는데, 이는 호흡하는 데 중요한 역할을 한다. 곤충은 우리처럼 입으로 호흡하지 않고 기관계氣管系를 사용한다. 기관계는 몸 전체에 분포된 기공이 달린 배관망으로, 기관계를 통해 산소가 체내로 운반되고 이산화탄소가 몸 밖으로 배출된다. 헤르마토바테스의 몸체를 잠수종*처럼 둘러싼 이 공기층은 물이 기관으로 들어가는 것을 막을 뿐만 아니라 물속에서 호흡할 수 있게 한다. 그래서 헤르마토바테스는 극단적인 경우 물속에서 12시간까지 생존할 수 있다.

또한 이 곤충은 대부분의 시간을 물속에서 보내지만 잠수종과는 별개로 바위와 오래된 산호 조각 아래쪽에 있는 공기

왼쪽: 헤르마토바테스
오른쪽: 바다소금쟁이

가 가득 채워진 작은 구멍에서 지낸다. 헤르마토바테스의 숙소는 산호초 꼭대기에서 발견될 수 있다. 이 지대의 산호초는 썰물 때 꼭대기가 노출되지만 완전히 마르지는 않는다. 썰물이 갑자기 시작되면 헤르마토바테스는 구멍에서 나와 먹이를 먹고 번식을 하기 위해 수면을 헤엄친다. 이 곤충이 무엇을 먹는지는 매우 드물게 관찰되는 바람에 알려진 바가 적다. 하지만 헤르마토바테스는 모든 바다소금쟁이와 마찬가지로 육식동물이며, 모기나 연안에 사는 바다소금쟁이 같은 다른 해양 곤충을 먹고 산다고 추정한다. 2019년 헤르마토바테스가 먹이를

•　　사람이 물속에 들어가 일할 수 있도록 만든 종 모양의 물건.

먹는 사진이 최초로 공개되었다. 설인도 이 곤충보다는 훨씬 자주 사진에 찍혔을 것이다. 헤르마토바테스의 짝짓기는 이미 수면 위에서 관찰되기는 했지만 짝짓기 후 암컷이 너무나 빨리 달아나는 바람에 어디서 어떻게 알을 낳는지는 알 수 없다.

✳

깔따굿과에 속하는 **폰토마이아***Pontomyia*('ponto'는 그리스어로 '외해'를 뜻하고 'myia'는 '파리'를 의미한다)속의 유충은 역사상 최초로 관찰된 해양 수중 곤충이다. 이 유충을 발견한 사람은 곤충학자 패트릭 알프레드 벅스턴Patrick Alfred Buxton이다. 그는 1925년 사모아에서 최초로 폰토마이아를 잡았는데, 당시에는 이 모기가 평생 물속에서 산다고 생각했다. 그러나 오해였다. 성체 폰토마이아는 날지는 못하지만 수면 위에서 살기 때문이다. 날지 못하는 이 해양 모기는 현재까지 네 종(P. pacifica, P. cottoni, P. natans, P. oceana)이 있는 것으로 알려졌으며 모두 인도-태평양에서만 볼 수 있다. 또한 폰토마이아 종 가운데 하나가 카리브해를 돌아다니는 것으로 보이지만 아직 정확하게 밝혀지지 않아 현재까지 종명을 지정받지 못했다. 이 종은 지금까지 유충과 암컷 성체만 발견되고 수컷은 채집되지 못했다.

성체 폰토마이아 모기를 잡기란 굉장히 힘들다. 폰토마이아의 생활 주기가 극단적이기 때문이다. 폰토마이아의 성체 생활은 기껏해야 1~3시간 지속된다. 이 해양 모기의 생활 주기는 다음과 같이 진행된다. 작은 젤라틴 관에 담긴 알을 바다에 낳는다. 바다를 떠돌던 알에서 유충이 부화한다. 유충은 수중에서 약 1년을 보내며 해초와 조류를 먹고 산다. 밀웜과 비슷하게 생긴 하얀 유충은 주로 해안 근처와 얕은 석호에서 발견된다. 유충은 때가 되면 고치로 변하고 마치 나비처럼 번데기 속에서 성체 모기로 탈바꿈한다. 이후 폰토마이아 고치가 수면 위를 미끄러짐과 동시에 부화한다. 성체의 생애는 겨우 3시간 동안 지속될 뿐이니 매우 정밀하게 계획된 삶을 살아야 한다!

이제 마지막이자 유일한 임무인 짝짓기에 돌입한다. 그래서 폰토마이아의 몸은 짝짓기에 필요한 것만 갖추었다. 생식기관, 다리, 날개다. 적어도 수컷은 그렇다. 암컷은 생식기관을 가득 달고 수면 위를 떠도는 벌레 모양의 자루에 불과하다. 수컷은 흔히 보는 모기와 비슷하게 생겼지만 우리의 살갗을 찌르지는 못한다. 폰토마이아의 몸길이는 약 1.5밀리미터로 모기와 비슷하지만 복부가 더 두껍고 비취색을 띠며 날개는 수면을 가를 수 있게 생겼다. 한마디로 수컷 폰토마이아는 날개를 노 삼아 헤엄친다. 이러한 이유로 폰토마이아는 날개가 있어도 날지 못하기 때문에 날개 없는 모기류로 설명되기도 한다. 수컷은 헤엄쳐서 암컷에게 접근해 다리로 암컷을 붙잡고 짝짓기를 한다. 그러고도 시간이 넉넉하면 두 번째 암컷을 찾아 나서기 전에 잠시 알 낳기를 도와준다. 이후 자신의 임무를 마친 모기는 죽는다. 서로를 알아가면서 저녁 식사를 함께할 시간도 기회도 없다. 합리적인 구조 조정을 거쳐 입은 물론 소화기관도 아예 없기 때문이다. 곤충의 세계에서는 짝짓기 이후 수명이 매우 짧아지는 경우가 많지만 폰토마이아처럼 최대 3시간인 것은 매우 드문 사례다. 이 해양 모기를 오랫동안 발견하지 못한 것도 이런 이유다.

폰토마이아는 보름달이나 초승달이 뜨는 밤, 얕은 석호에서 가장 많이 발견된다. 수컷은 일몰 후 10~15분 사이에 나타나고 약 20분 뒤에 암컷이 등장한다.《마녀 연감The Witches' Almanac》에 나오는 사마귀를 제거하는 마술처럼 들리기는 하지만, 폰토마이아를 몇 마리 잡으려는 과학자라면 진지하게 새겨들어야 한다. 왜냐하면 유충이 고치로 변하고 모기로 부화하는 과정이 햇빛과 달의 주기에 의해 달라지는 것으로 추정되기 때문이다. 성체는 극도로 단명하고 유충은 생존 확률이 5퍼센트에 불과한 이 곤충이 어떻게 전 세계에 퍼질 수 있었는지도 수수께끼다. 가장 널리 통용되는 가정은 유충이 떠내려온 나무나 거북이의 등을 타고 새로운 지역으로 흘러갔다는 설이다.

유럽의 바다에도 폰토마이아가 산다. 생활공간이 있는 곳은 어디라도 생명체가 살기 마련이다. 유럽 대서양 연안에서 만날 수 있는 폰토마이아는 **클루니오마리누스***Clunio marinus*라고 부른다. 이 해양 모기 역시 물지 않는 종에 속한다. 이 모기가 바다에만 서식하는 것이 아니라고 반박한다면 이 사실을 언급하고 싶다. 이 모기는 다른 해양 곤충에 비해 과학계에 아주 잘 알려져 있어서 '동물의 생체 시계'로 잘 알려진 하루 주기 리듬을 좀 더 제대로 이해하는 데 즐겨 활용된다. 하루 주기circadian라는 말은 라틴어에서 비롯된 단어로 '하루 종일'이라는 의미에 가깝다.

모든 생물이 생체 시계를 지니는 이유는 자체 생존에 중요한 역할을 하기 때문이라고 추정된다. 지구는 자전축을 중심으로 돌기 때문에 하루가 24시간이다. 여기에는 어두운 기간인 밤과 밝은 기간인 낮이 있다. 낮과 밤에는 온도 같은 환경 조건만 변하는 게 아니다. 예를 들어 낮에는 포식자의 눈에 더 잘 띄고, 밤에는 어둠 속에 몸을 숨길 수 있어서 사냥을 더 잘할 수 있다. 이 모든 것은 적응의 문제다. 모든 유기체는 하루 동안 이러한 연속적인 변화에 반응해야 하고 이는 모든 세포에서 작동하는 생체 시계를 통해 조절된다. 한마디로 밤이 어두워졌기 때문에 피곤하다고 우리가 의식적으로 결정하는 게 아니라, 세포 내부에서 분자 수준으로 이러한 과정이 진행된다는 의미다.

흥미로운 점은 약 24시간 지속되는 이 내부 리듬이 외부 자극과 무관하다는 사실이다. 하지만 이 리듬은 항상 정확히 24시간 동안 지속되지 않고 때에 따라 달라진다. 그리고 햇빛 같은 외부 자극에 따라 교정된다. 이 자극을 타이머timer라고 일컫는다. 생체 시계가 뒤죽박죽되는 예시로 우리가 잘 아는 시차증후군이 있다. 서쪽에 있는 나라로 여행하면 몸이 예상한 것보다 낮이 더 길어져, 밝은 정오에도 매우 피곤하다. 반면 동쪽에 있는 나라로 여행하면 밤늦은 시간에도 잠을 이루지 못한다. 생체 시계가 아직 이른 오후라고 생각하기 때문이다. 하지만 장거리 비행을 했다고 영원히 어둠 속에 살아야 하는 것은 아니다. 신체는 타이머의 도움으로 일상 리듬의 변화에 반응하고, 비교적 빠르게 새로운 환경에 적응한다.

생체 시계가 분자 단위에서 진행하는 과정은 매우 복잡하고 복합적이며, 동물 종에 따라 각양각색이다. 생체 시계가 돌아가는 근본 원칙은 세포 내 유전자의 활성화 및 억제다. 예를 들어 활성화 단백질인 BMAL1과 CLOCK은 매일 아침 크립토크롬Cryptochrome(CRY)과 피리어드Period(PER) 유전자를 활성화한다. 이 스위치를 켜면 세포에서 CRY단백질과 PER단백질이 만들어진다. 그런 다음 이 단백질들이 융합해 복합체를 형성하고, 세포핵으로 이동해 앞서 언급한 활성화 단백질 BMAL1과 CLOCK에 붙어 기능을 억제한다. 그러면 크립토크롬과 피리어드 유전자는 더 이상 활성화되지 않고, 대신 CRY단백질과 PER단백질이 점점 더 적게 생성된다. 그 결과 세포에서 두 단백질의 농도는 시간이 지날수록 줄어든다. 이 두 단백질이 적기 때문에 유전자는 덜 억제되고, 그 결과 두 단백질의 생산이 늘어난다. 이는 활성화와 억제의 순환이 영원히 계속되는 과정이며, 이 과정이 세포의 주기를 24시간으로 규정한다. 이것은 축구 연습과 비슷하다. 골키퍼(활성화 단백질)는 골대 앞에 서서 선수(크립토크롬과 피리어드 유전자)를 향해 공을 찬다. 선수는 공을 통해 활성화되고 공 몇 개를 모으자마자 다시 골키퍼를 향해 찬다. 이제 골키퍼는 추가로 들어오는 공(CRY단백질과 PER단백질)을 막아야 하므로 선수에게 공을 적게 찰 수 있다. 언젠가는 모든 공이 골키퍼에게 되돌아온다. 그러면 24시간이 끝나고 주기는 다시 시작된다.

지금까지 설명한 주기는 생체 시계에서 분자 수준으로 매우 복잡하게 진행되는 과정의 일부일 뿐이지만 이를 통해 세

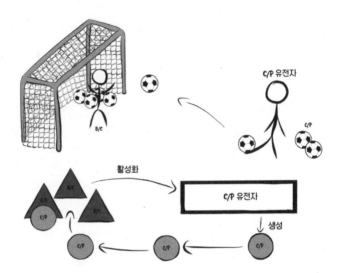

활성화 단백질 BMAL1과 CLOCK(합쳐서 B/C)은 크립토크롬과 피리어드 유전자 (합쳐서 C/P유전자)를 활성화한다. 이 두 유전자는 CRY단백질과 PER단백질(합쳐서 C/P)을 생성하며, 이 두 단백질은 활성화 단백질에 붙어 기능을 무력화한다. 이로 인해 스스로도 생산이 억제되고 농도가 줄어들어서 약 24시간 뒤에는 거의 남아 있지 않게 된다. 그러면 활성화 단백질이 다시 활성화되고 주기도 다시 시작 된다.

포가 전체적으로 어떻게 작동하는지에 대한 답을 알 수 있다. 2017년 제프리 홀Jeffery Hall, 마이클 영Michael Young, 마이클 로스 배시Michael Rosbash는 노벨생리의학상을 수상했다. 그들은 **노랑 초파리**Drosophila melanogaster의 생체 시계 리듬에 내재된 분자 메 커니즘을 밝혀냈다. 초파리는 생물학자들에게도 친숙할 뿐 아니라 전 세계적으로 유명하다. 이 조그마한 동물은 여름이 되면 과일을 담은 그릇과 쓰레기통에 잔뜩 몰려들고 박멸하기가 어렵다. 초파리가 생체 시계에 관한 정보를 얻기 위해 이용되는 유일한 파리는 아니다. 다시 해양 곤충 이야기로 돌아가서, 바다의 모기인 클루니오마리누스를 통해서도 생체 시계에 관한 정보를 알아낼 수 있다.

클루니오마리누스 역시 바다에서만 살지는 않는다. 적어도 수컷 성체는 날개가 완전히 발달했고 날 수도 있기 때문이다. 하지만 이 곤충은 발로 물과의 접촉을 절대 놓치지 않고 작은 헬리콥터처럼 수면을 맴돈다. 생활 주기는 물론 생김새도 폰토마이아와 아주 유사한데, 두 곤충 모두 깔따굿과에 속한다. 두 곤충의 유충은 연안 지역의 물에 살며 해초를 먹는다. 클루니오마리누스의 유충은 때때로 작은 돌, 모래, 자갈로 된 보호 덮개를 만든다. 그래서 생김새가 유사한 폰토마이아 유충과 쉽게 구별된다. 클루니오마리누스 유충도 고치 상태로 해면에 떠오른 다음 번데기에서 성체가 되어 짝짓기를 한다. 수명이 1~3시간밖에 되지 않아 번식할 때 시간의 압박을 받는다.

그런데 클루니오마리누스는 알을 그냥 바다에 낳을 수가 없다. 알을 낳으려면 마른 바닥이 필요해서 썰물이 가장 깊이 일어나는 소조, 즉 조수 간만 차가 가장 적을 때 부화하는 것이 가장 좋다. 따라서 이 곤충이 알을 낳으려면 시간을 완벽하게 맞춰야 한다. 밀물과 썰물이 12시간 25분마다 번갈아 일어나기 때문에 날마다 썰물 시간이 약 50분 미루어진다. 시간뿐만 아니라 밀물과 썰물의 강도도 달의 위치에 많이 좌우되며, 지구의 자전과도 관련이 있다. 그렇기 때문에 조수 간만 차가 가장 적고 가장 높은 곳은 지리적 위치에 따라 차이가 있다. 몇 킬로미터밖에 떨어져 있지 않은데도 밀물과 썰물 시간이 서로 차이가 나는 것이다. 그래서 클루니오마리누스는 자신이 있는 위치에 정확하게 동화되어야 한다. 따라서 서로 다른 위치에 있는 개체군은 부화 날짜와 시간이 각각 다르다.

이러한 현상은 그냥 모기가 독특하다는 데 그치지 않고 과학 연구 분야에도 특별한 관심을 끈다. 모기는 밀물과 썰물을 조절하는 달의 위상을 생체 시계로 정확하게 인식할까? 아니면 달빛 같은 외부 타이머를 통해 파악할까? 이를 규명하기 위해 연구자들은 서로 다른 개체군에 속한 모기를 채집해 각자에게 익숙한 환경조건을 만들었다. 어떤 모기는 노르망디에서, 어떤 모기는 바스크의 해안가에서 왔다. 두 지역은 같은 날에 소조가 일어나지 않는다. 노르망디에서 온 모기는 평균적으로 음력 4일, 해가 지기 4시간 전에 부화했다. 바스크에서 온 모기는 평균적으로 음력 12일, 해가 지고 1시간 후에 부화했다. 이제 이 두 모기 개체군을 인위적으로 교배한 뒤 후손을 관찰했다.

그 결과 다음과 같은 일이 일어났다. 후손 모기는 평균적으로 음력 7일, 해가 지기 2시간 전에 부화했다. 즉, 후손 모기는 시간 측면에서 볼 때 자기 부모의 부화 날짜와 시간의 중간 지점에서 부화했다. 이 후손 모기도 부모와 똑같은 환경조건에 두었고, 부모와 유일한 차이점은 유전자가 혼합되었다는 것뿐이다. 이 연구를 통해 사상 처음으로 다음과 같은 사실을 밝힐 수 있었다. 하루 주기를 측정하는 생체 시계가 있을 뿐만 아니라 달의 위상을 인식하는 리듬도 내부에 있는 분자 단위의 시계가 조절한다는 사실이다. 그래서 이 작은

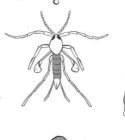

모기는 '달이 도는 주기를 인식하는 리듬'에 관한 연구를 촉진하는 데 도움을 주고 있다. 이 리듬은 특히 해양 동물이 번식할 때 중요한 역할을 한다.

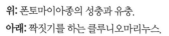

위: 폰토마이아종의 성충과 유충.
아래: 짝짓기를 하는 클루니오마리누스.

그렇다면 극소수의 곤충만이 바다에 서식하는 이유는 무엇일까? 과학계에서는 지난 30년 동안 정확히 다섯 번 이론을 내놓았다. 1996년 예룬 판데르 하흐Jeroen Van der Haag는 곤충은 종자식물 중 속씨식물과 밀접하게 살기 때문에 바다에서 절대 활동하지 못한다는 견해를 보였다. 곤충은 대부분의 식물에게 꽃가루를 매개하는 중요한 역할을 하며 식물과 공생 관계를 맺는다. 많은 식물과 곤충은 진화를 거치며 서로에게 매우 적응한 나머지 완전히 의존한다. 그러므로 현재 관찰되는 곤충이 멸종되면 인간의 식량 생산에도 극적인 결과를 초래할 수 있다. 인간에게 유용한 식물 또한 수분을 해야 꽃에서 과일과 채소가 번성할 수 있기 때문이다. 그래서 하흐는 꽃이 없는 곳에는 곤충도 살 수 없다고 생각했다. 실제로 바다에는 종자식물이 거의 없다. 오직 **거머리말**Zostera이 그곳에서 자라는 유일한 종자식물이다.

그러나 1998년 제프 올러튼Jeff Ollerton과 덩컨 맥콜린Duncan McCollin은 곤충이 종자식물보다 2억 년이나 앞서 존재했으며 상당수의 곤충이 오늘날에도 꽃가루의 매개 역할을 수행하지 않는다고 주장했다. 한편 사이먼 H. 매드렐Simon H. Maddrell은 바다에 곤충이 없는 가장 큰 이유가 물고기와 같은 포식자가 주는 압박 때문이라고 주장했다. 곤충이 호흡할 때 사용하는 기관계는 곤충이 잠수하거나 숨을 때 방해 요소로 작용해 추적자에게 무방비로 노출된다는 것이다. 2000년 지렛 J. 버메이 Geerat J. Vermeij와 로버트 더들리Robert Dudley는 일반적으로 바다, 육지, 민물 등의 생활공간을 바꾸는 일은 매우 드물게 일어나는데, 그 이유는 서식지의 차이가 매우 극심하기 때문이라고 밝혔다. 다른 생활권에서 온 침입자가 이미 잘 적응한 토착종을 제압할 가능성은 거의 없기 때문에 새로운 곳에 자리 잡지 못한다. 그러므로 곤충이 육지에서 바다로 생활공간을 바꾸기란 너무나 어렵다는 견해다.

2007년 그레임 D. 럭스턴Graeme D. Ruxton과 스튜어트 험프리스Stuart Humphries는 위에 언급한 두 가지 이론을 전부 반박했다. 이들은 담수의 깊은 곳에도 다양한 곤충이 산다고 주장하며 바이칼호의 수심 1360미터 지점에서 깔따구 유충이, 타호호의 수심 80미터 지점에서 강도래 유충이 발견된 사례를 근거로 들었다. 심지어 아가미가 있는 민물 곤충의 유충도 다양하게 존재한다. 그리고 **유리모기**Chaoboridae 유충은 수직으로 이동해 물고기를 피하는데, 밤에는 수면 위로 올라가 먹이를 먹고 낮에는 호수 바닥에 숨는다. 그렇다면 이 모든 게 바다에서 이루어지면 안 될 이유가 있을까? 육상 곤충에서 진화한 민물 곤충이 4만 5000종이 넘는다는 사실을 보면, 생활권을 바꾸는 게 얼마든지 가능하다는 점을 알 수 있다.

그렇다면 이후 곤충이 더 이상 바다로 진출하지 않은 이유는 무엇일까? 럭스턴과 험프리스는 그 이유가 바로 날개 때문이라고 추정한다. 거의 모든 곤충은 삶의 특정 단계, 대개 마지막 단계에서 날개를 지닌다. 이 날개는 번데기나 고치에 있던 곤충이 성체로 변태한 뒤에 생기는 경우가 많다. 곤충이 고치에서 벗어나면 먼저 날개를 펴고 말려야 한다. 호수에서는 이런 행동이 가능할 것이다. 하지만 아주 작은 곤충이 파도와 강풍이 몰아치는 바다에서 날개를 펴고 말린다고 상상해 보라. 아무리 말려도 절대 마르지 않을 것이다. 그래서 바다에 사는 곤충은 날개를 노로 사용하거나 아예 버린다.

그리고 바다소금쟁이 같은 곤충이 부득이하게 떠다니는 물체에 알을 낳는다는 주장에 대해서도 별로 동의하고 싶지 않다. 바다를 떠다니는 물체의 수가 엄청 적기 때문이다. 그러나 바다소금쟁이, 헤르마토바테스, 깔따굿과의 사례는 이러한 문제점의 해답이 있음을 보여 준다. 그리고 나는 공기가 가득 차 바다를 떠다닐 수 있는 알이 담긴 관이 진화의 산물이라고 믿어 의심치 않는다. 따라서 개인적으로 다음과 같은 이론이 대단히 흥미롭다고 생각한다.

2006년 헨리크 글레너Henrik Glenner는 동료들과 함께 〈곤충의 기원The Origin of Insects〉이라는 논문을 발표했는데, 여기서 접근 방식을 완전히 달리한 이론을 제시했다. 이 이론을 이해하려면 진화생물학을 좀 더 자세히 들여다볼 필요가 있다. 곤충은 육각아문과 절지동물문에 속한다. 절지동물에 속하는 아문은 네 개다. 거미가 속한 협각아문(정확히 말하면 협각류는 곤충이 아니다), 이미 멸종된 삼엽충아문, 다지아문, 갑각아문이다. 이는 모든 아문이 동일한 조상에서 나온 후손이라는 것을 의미한다. 이러한 계통수°와 분류는 예전에는 한편으로는 화석에, 또 한편으로는 동물의 형태학적 특성에 바탕을 두었다.

하지만 최근에는 매우 간단한 방식인 DNA 염기 서열 결정법이 떠오르면서 일부 계통수와 목°의 분류가 상당히 뒤죽박죽되었다. 절지동물문도 마찬가지다. 예전에는 갑각류와 육각류는 동일한 조상에서 나온 후손이라고 여겼다. 그러나 해양 퇴적물에서 발견된 최초의 갑각류 화석이 약 5억 1100만 년 된 것이라는 사실이 밝혀졌고, 최초의 육각류 화석은 4억 1000만 년밖에 되지 않는다. 즉 육각류 화석은 갑각류 화석보

●   동식물의 진화 과정을 나무의 줄기와 가지의 관계로 나타낸 것.

다 1억 년 뒤인 데본기에 나타난 것이다. 게다가 육각류의 잔재는 해양 퇴적물에서 발견되지도 않았다. 그렇다면 1억 년 동안 육각류는 어디에 있었을까?

글레너와 동료들은 유전학적 관점에서 절지동물문 계통수에 접근해, 육각류는 절지동물의 아문이 절대 아니고 갑각류에 속한다는 사실을 밝혔다. 그들이 실시한 유전자 분석에 따르면, 육각류는 4억 1100만 년 전에 민물에서 새각아강('씨몽키'라고도 부르는 브라인슈림프가 새각아강에 속한다)으로부터 진화했고 이후 육지로 이동했다고 추정한다. 사실 이 시기에는 극심한 가뭄 때문에 많은 생물이 생존을 위해 육지에 적응할 수밖에 없었다.

이제 곤충이 바다에 거의 없는 이유와 관련해, 내가 좋아하는 이론으로 다시 돌아가겠다. 곤충이 육지에 완벽하게 적응할 시기에 갑각류는 이미 오래전부터 바다에 적응한 뒤 광범위하게 자리 잡고 있었다. 곤충과 갑각류는 가까운 친척 관계이기 때문에 생태적 지위도 비슷하다. 그래서 이들은 직접적인 경쟁 관계다. 이것이 바로 바다에서 생활공간을 찾는 곤충이 거의 없는 이유다. 마찬가지로 육지에 진출하는 갑각류가 거의 없는 이유이기도 하다.

글레너와 동료들이 진행한 연구로 인해 절지동물문 계통

수뿐만 아니라 많은 과학자도 혼란에 빠졌다. 그러나 현재는 이 이론이 옳으며 육각류가 갑각아문에 속한다는 데 대부분 의견이 일치한다. 하지만 최근에는 육각류가 생각보다 훨씬 일찍, 정확히는 대략 4억 8500만 년 전 오르도비스기에 육지를 기어다녔다고 추정한다. 육각류의 조상이 바다에서 왔는지, 기수나 담수에서 왔는지는 여전히 불분명하며 의견이 분분하다. 어쨌든 바다에 곤충이 없다는 발언은 옳지 않다. 사실 갑각류가 육지에 생활공간을 마련했다고 가정한다면, 그게 바로 곤충인 셈이다. 갑각류 중 몇몇 탈주자가 육지로 갔듯이, 일부 육지 곤충도 예기치 않게 바다로 간 것이다.

한편 2018년에야 새로운 종의 해양 곤충이 등재되었다. 바로 **디크로텐디페스 시니쿠스***Dicrotendipes sinicus*다. 이 모기는 지금까지 중국 상하이 주변 지역에 인위적으로 조성한 염호에서만 발견되었다. 하지만 연안 지역에서도 서식하

글레너와 동료들이
그린 육각류 진화사의 파생도.

는 것으로 추정된다. 이 곤충도 폰토마이아처럼 깔따굿과에 속하지만 자체적으로 속屬을 형성한다. 이 모기의 유충은 물속에 살면서 해초를 먹는다. 성체도 폰토마이아와 똑같이 물에 적응한다. 마찬가지로 날개도 줄어들었지만 노가 아닌 프로펠러로 사용되어 수면을 미끄러지듯 가로지른다.

분명 해양 곤충의 다양성과 기원은 아직 완벽하게 연구된 상황은 아니다. 아울러 소수의 과학자만이 해양 곤충 연구에 몰두하고 있다. 하지만 앞으로 몇 년 안에 해양 곤충에 대해, 그리고 해양 곤충으로부터 아주 많은 것을 알게 될 것이라고 확신한다.

9

물고기의 눈

인지와 착시

2015년을 뒤흔든 논쟁이 있었다. 이른바 '드레스 색깔 논쟁'이다. 검은색-파란색 드레스인가, 아니면 하얀색-금색 드레스인가? 누군가가 인터넷에 공유한 검은색-파란색 드레스 사진을 보고 온 인류가 디지털 세계에서 이 드레스의 색깔이 무엇인지 알아내느라 골머리를 앓았다. 수많은 사람이 하얀색-금색이라고 확신한 이유는 무엇일까? 과학계는 이 질문을 흥미롭게 여기며 착시 현상은 물론, 온라인에 가득한 대규모 피실험자 집단에 주목했다.

한편 이 주제를 다룬 보고서와 이론이 몇 가지 발표되었다. 이론의 내용은 대개 드레스 사진이 자연광 또는 인공조명을 받아 찍혔다는 잠재의식 차원의 믿음에 영향을 받아 색깔을 인지했느냐 아니냐를 다루었다. 사진만으로는 구별할 수 없으므로 뇌가 즉흥적으로 파악해야 하는데, 자연광이라고 해석하면 하얀색-금색으로 보이고 인공조명이라고 해석하면 파란색-검은색처럼 보인다는 것이다. 하지만 과학계는 당연히 이러한 착시 현상이 어떻게 일어나는지 정확하게 설명해야 한다.

시각적 착시라고도 불리는 이 현상은 이미 고대 그리스의 철학자들이 설명하려고 시도한 바 있다. 어떤 철학자는 감각기관이 자극을 잘못 처리해 발생한다고 했고, 어떤 철학자는 마음 자체가 속아서 그렇다는 견해를 내놓았다. 아리스토텔레스는 마음과 감각기관 모두가 시각적 착시에 속게 만든다는 견해를 보였다. 그의 이론은 이후 몇 세기 동안 영향력을 발휘했다.

19세기가 되어서야 요하네스 뮐러Johannes Müller, 헤르만 폰 헬름홀츠Herman von Helmholtz, 요한 요제프 오펠Johan Joseph Oppel 같은 과학자들이 시각적 착시에 집중했고, 실험과 새로 개발한 착시로 이 현상을 설명하려 했다. 착시의 기원이 뇌인지, 아니면 근시의 사례처럼 눈에서 원인을 찾아야 하는지는 여전히 논의 중이었다. 과학자들은 이러한 착시 현상이 정상적인 시각 규칙을 벗어나서 일어나기 때문에, 이 착시를 통해 감각적 인상을 어떻게 처리하는지에 관해 더 잘 이해할 수 있다는 데에는 의견을 같이했다.

19세기 후반에는 수많은 착시 현상이 새롭게 개발되어 오늘날까지 널리 알려져 있으며 그때나 지금이나 오락거리로 자주 쓰인다. 과학 분야에서도 착시 현상은 계속 활용된다. 시각은 물론 이와 연관된 심리학적·신경학적·생리학적 과정을 더 잘 이해하기 위해 착시 현상을 연구한다. 인간뿐 아니라 동물이 착시 현상에 반응하는 연구도 진행되었다.

✳

이와 관련해 물고기는 아주 오랫동안 등한시되었다. 물고기의 눈은 인간의 눈과 별로 차이가 나지 않는다. 심지어는 인간과 똑같이 각막, 동공, 홍채, 수정체, 망막으로 구성되어 있다. 이는 전혀 놀라운 일이 아니다. 물고기와 인간의 공통 조상이 이미 눈을 형성했기 때문이다. 또한 물고기 대부분은 색깔을 볼 수 있다. 심지어 우리 눈이 감지할 수 없는 형광, 자외선, 편광 같은 빛스펙트럼도 볼 수 있다.

그럼에도 물고기는 자신의 서식지에 적응하면서 인간과 구별되는 몇 가지 특성을 지니게 되었다. 수중 생활의 장점은 눈이 건조해질 일이 없어 눈꺼풀을 별로 활용하지 않아도 된다는 점이다. 그러므로 눈을 깨끗이 하기 위한 눈물도 필요 없다.

우리의 눈은 근육을 이용해 수정체의 두께를 조절해서 초점을 맞춘다. 하지만 물고기의 수정체는 뻣뻣한 구 모양이기 때문에 두께를 조절할 수 없다. 그래서 물고기는 초점을 맞추기 위해 수정체를 앞이나 뒤로 움직인다. 물고기의 수정체는 인간의 수정체보다 훨씬 조밀하며, 굴절률은 물과 비슷하다. 우리는 물속에서 대상이 흐릿하게 보이지만 물고기는 선명하게 볼 수 있는 이유다. 또 물고기는 수정체가 구형이고 눈은 대개 머리의 측면에 있어서 시야가 매우 넓다. 그러나 공간의 깊이를 파악하는 데 약점을 보인다. 공간감을 인식하려면 시야가 중첩되어야 하는데 물고기의 3차원 시야는 코 바로 앞으로 국한되어 상당히

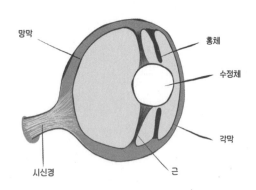

물고기 눈의 단면도. 물고기의 눈은 인간의 눈과 비슷하게 구성되어 있지만, 인간과는 달리 정지 상태에서 근거리에 초점을 맞춘다. 아마도 일반적으로 물속에서는 멀리 보는 데 제약이 있기 때문인 듯하다.

좁기 때문이다. 하지만 물고기를 대상으로 착시 실험을 하기에는 충분하다.

물고기의 착시 효과에 대한 연구는 1930년대에 처음 이루어졌고 1960년대에 다시 진행되었다가 이후 40년 동안 아무런 진척이 없었다. 아마도 대뇌피질이 없는 물고기가 우둔하고 본능에 따라 행동한다고 간주되었기 때문에 오랫동안 주목받지 못한 듯하다. 그러나 이러한 견해는 21세기에 바뀌었다. 이제 물고기도 착시 실험의 대상이 되었다. 민물고기와 바닷물고기를 가리지 않고 각양각색의 착시 반응을 실험하는 여러 연구가 진행되었다. 착시 실험의 대부분은 언젠가 본 적이 있는 것들이다. 독자 여러분도 스스로 테스트해 보자. 이른바 기하학적 인지 착각 테스트부터 시작해 보자.

A와 B 중 어떤 검은색 원이 더 큰가?

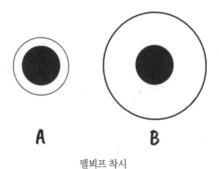

멜뵈프 착시

그리고 다음 그림을 보자. A와 B 중 어떤 회색 원이 더 큰가?

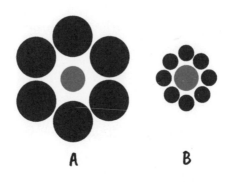

에빙하우스 착시

기하학적 인지 착각의 경우, 관찰자는 기하학 도형을 실제와 다르게 인지한다. 첫 번째 그림에서는 A 원, 두 번째 그림에서는 B 원이 더 커 보인다. 하지만 실제로 원의 크기는 모두 동일하다. 관찰자는 착시 현상에 빠진 것이다. 거의 모든 사람이 이러한 착시에 빠진다. 이른바 맥락 효과라는 이론은 우리가 물체, 여기서는 원을 인지할 때 옆에 있는 또 다른 원이 영향을 미치며, 크기를 측정하기 위해 자동으로 두 원을 서로 연관 짓는다고 추정한다.

에빙하우스 착시 그림을 보자. A의 경우 커다란 검은 원에 둘러싸인 회색 원은 검은 원에 비해 작게 보인다. 그리고 실제로 A와 B의 회색 원은 크기가 동일하지만 다르다는 인상을 받는다. 이러한 효과는 다음 착시 현상에도 중요한 역할을 한다. A와 B 중 어느 선이 더 길어 보이는가?

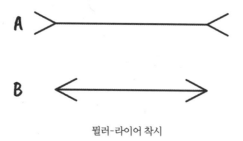

뮐러-라이어 착시

A가 훨씬 더 길어 보일 것이다. 그렇지만 두 선의 길이는 정확히 똑같다. 맥락 효과에 따르면 우리가 무의식적으로 전체 맥락(이 경우에는 화살촉을 포함한 선)을 보기 때문에 A가 더 길어 보인다. 또 다른 이론에 의하면 선의 배치로 인해 우리가 무의식적으로 선을 공간감이 있는 물체로 인지한다고 추정한다. 이 때문에 A의 선이 더 멀리 나가는 것처럼 보여 더 길다고 해석한다.

우리가 스스로를 속이는 이유는 아직 완벽하게 밝혀지지 않았다. 착시 효과가 19세기부터 개발되기는 했지만 여전히 활발히 연구 중이다. 확실한 것은 이러한 속임수가 눈과는 아무 관련이 없으며, 이러한 속임수를 적극적으로 없는 셈 칠 수 없다는 것이다. 올바른 답을 알고 있어도 머릿속에는 잘못된 인상이 계속 남는다. 그래서 정보는 여하튼 뇌에서 잘못 처리된다. 더욱이 우리는 나이를 먹어 가면서 이를 학습한다. 다시 말해 어린이에게는 이러한 속임수가 잘 통하지 않는다.

그렇다면 물고기의 경우는 어떨까? 물고기도 이러한 착시에 속아 넘어갈까? 이러한 질문은 언뜻 터무니없어 보인다. 아마도 실제로 과학과는 전혀 관계가 없기 때문일 것이다. 적어도 지금까지는 그렇다. 앞에서 인정했듯이 이 주제는 실험하기가 절대 쉽지 않다. 물고기에게 대체 어떻게 물어볼 것인가. 이러한 의사소통 문제를 해결하기 위해 고전적인 보상 체계를 활용해 물고기를 훈련했다. 크기가 다른 두 개의 원 중에서 더 큰 원을 주둥이로 살짝 찌르면 물고기에게 먹이를 주었다. 훈련을 잘 마친 물고기에게 바로 델뵈프 착시와 에빙하우스 착시를 보여 주고 물고기가 두 개의 원 중 어떤 것을 선택하는지 관찰했다. 훈련받은 내용에 따르면 물고기는 자신이 더 크다고 인지하는 원을 선택할 것이다.

이 실험을 통해 원래 지중해에서만 사는 **자리돔**_Chromis notata_과 어종 **크로미스크로미스**_Chromis chromis_가 인간과 마찬가지로 착시 현상에 빠진다는 사실이 밝혀졌다. 반면 열대 바다에서 발견되며 이름처럼 바닥에 사는 작은 상어 종인 **그레이뱀부샤크**Chiloscyllium griseum는 정반대의 반응을 보였다. 이 상어에게 착시는 반대로 작용하는 것 같다. 비둘기와 같은 다른 동물도 비슷한 반응을 보였다. 이 동물들은 대비에 덜 민감하다는 이론이 제기되었다. 따라서 주위의 원들이 하나의 큰 원으로 합쳐지고, 착시는 뒤집힌다. 빛을 발하는 상어를 생각해 보면, 상어가 형광보다 두드러지지 않은 대비를 인식하는 일은 어려울 수 있다. 물론 그레이뱀부샤크가 형광을 발산하는 상어라는 가정이 필요하다. 하지만 그레이뱀부샤크가 형광을 발하는 상어인지는 아직 밝혀지지 않았다. 여기에 덧붙여, 그레이뱀부샤크의 피부에는 어떠한 패턴도 없고 오로지 회색만 있다. 결국 짝을 인식하는 체계가 다를 확률이 크다.

그레이뱀부샤크에게 선을 대상으로 하는 뮐러-라이어 착시 실험도 했다. 이를 위해 상어는 사전에 두 선 중 더 긴 것을 주둥이로 살짝 찌르는 훈련을 받았다. 훈련의 막바지에서 상어는 겨우 1센티미터 차이도 구별할 수 있었다. 그래서 사람들은 상어가 안쪽 방향 화살표가 달린 선을 선택할 것으로 기대했다. 인간에게는 그 선이 더 길어 보이니까 말이다. 하지만 상어는 착시에 속지 않고 제멋대로 두 선을 전부 쿡 찔렀다.

한편 수족관에서 자주 볼 수 있는 민물 관상어 **레드테일구데이드**_Xenotoca eiseni_를 대상으로 또 다른 연구가 진행되었다. 이 물고기는 먹이 대신 사회적 접촉을 보상으로 받았다. 물고기는 빈 수조에 배치되었다. 이 수조는 두 개의 터널을 통해 각각 다른 수족관과 연결되었다. 한 터널은 똑같이 텅 빈 수족관과, 다른 터널은 동족이 있는 수족관과 연결되었다. 한 터널은 긴 선으로, 다른 터널은 짧은 선으로 표시했다. 이제 서로 다른 물고기 개체로 이루어진 두 집단이 훈련을 받았다. 한 집단은 항상 짧은 선이 표시된 터널을 지나 동족을 찾았다. 다른 집단은 동족에게 가기 위해 긴 선이 표시된 터널을 선택해야 했다. 이후 훈련된 물고기가 뮐러-라이어 착시로 표시된 터널에 직면하자 한 곳을 선택했다. 이는 물고기도 인간과 똑같이 두 선의 길이가 다르다고 인식했음을 보여 준다. 유명한 민물 수족관의 물고기 **구피**_Poecilia reticulata_를 대상으로 한 실험도 진행되었는데 이 또한 똑같은 결과가 나왔다.

요약하면, 연구 대상이 된 경골어류 구피, 크로미스크로미스, 레드테일구데이드는 인간과 마찬가지로 대부분의 기하학적 인지 착각에 빠지는 것으로 밝혀졌다. 그러나 연골어류인 뱀부샤크는 달랐다. 상어는 속임수를 전혀 눈치채지 못하거나 심지어 역효과까지 났다. 흥미롭게도 이 장에서 가장 먼저 소개한 델뵈프 착시는 구피도 뱀부샤크와 같은 반응을 보였다. 기하학적 인지 착각 외에 숫자 인지 착각 실험도 시행했다. 이는 구체적인 숫자와 연관된 것은 아니다. 동물에게 우리가 쓰는 숫자를 가르치기란 무척 어려울 테니까 말이다. 숫자 인지 착각은 수량을 세는 것과 관련이 있다. 이게 무슨 말인가 싶겠지만 정확히 읽었다. 물고기는 수를 세는 능력이 있다.

학창 시절에 수학 수업이 지겨우면 이런 질문이 떠오른

왼쪽부터 오른쪽으로 구피, 레드테일구데이드, 크로미스크로미스. 아래는 그레이 뱀부샤크.

다. "지금 배우는 수학이 나중에 필요하기는 할까?" 그때 "수학은 진화생물학 차원에서 아주 중요한 강점이 된다"라고 대답한 선생님은 아마 한 명도 없을 것이다. 즉 아주 많은 동물이 계산 같은 기초 수학에 능숙하다. 물고기도 마찬가지다. 예를 들어 물고기는 두 덩어리의 먹이 중 어느 것이 더 큰지, 어떤 물고기 집단의 개체수가 더 많은지, 암컷이 대부분 어디에 모여 있는지 파악한다. 이 모든 것은 생존에 중요할 수 있는 정보다. 큰 집단의 물고기 떼는 작은 집단보다 훨씬 더 안전하다. 먹이가 더 많은 곳을 찾는 것은 당연히 가치 있는 일이고, 암컷이 우글대는 곳을 안다면 번식에 성공할 가능성이 높다.

수를 세는 물고기의 능력은 우리가 일반적으로 훨씬 똑똑하다고 평가하는 바다사자나 개와 똑같다. 물고기는 4~5개의 수에서 먹이의 개수를 센다. 이보다 많은 수는 추측하는 경향을 보인다. 인간과 비슷한 행동을 보이는 것이다. 우리는 몇 명과 함께 점심을 먹었는지는 정확히 안다. 하지만 지난번에 참석한 파티에서 함께 놀았던 사람이 68명인지 98명인지 알려달라는 질문에는 아마 대답하지 못할 것이다. 물고기는 수학적 능력을 지녔기 때문에 바둑알 착시 같은 숫자 관련 속임수도 테스트할 수 있다.

다음 그림을 보자. 이때 숫자를 세면 안 된다. 두 그림 중 어떤 것에 흑돌이 더 많은가? 왼쪽인가 오른쪽인가?

　아마도 왼쪽 그림인 듯하다. 하지만 양쪽 그림의 흑돌 개수는 똑같다. 둘 다 16개의 흑돌이 있다. 이 착시 현상은 게슈탈트법칙* 중 하나인 근접의 법칙으로 먼저 설명할 수 있다. 이 법칙에 따르면 서로 가까이 있는 물체의 수는 그룹으로 묶여 하나의 형태를 형성한다. 두 번째로는 연속의 법칙으로도 설명할 수 있다. 이는 선이나 곡선을 따라 배열된 물체는 서로 밀접하게 결합한 하나의 단위체로 인식한다는 의미다. 선이나 곡선과 함께 형태를 형성하는 물체는 별도의 단일 개체를 형성한

・　　형태를 지각하는 방법 또는 그 법칙.

물체에 비해 수량적으로 과대평가되는 경우가 많다.

우리가 숫자 인지를 착각하는 이유와 과정은 거의 연구되지 않은 상황이다. 우리는 자기 시야의 중심에 있는 물체가 대개 과대평가된다는 사실은 알고 있다. 반면 우리 시야의 바깥에 있는 물체는 과소평가된다. 이러한 사실은 바둑알 착시에서 중요한 역할을 할 수 있다.

동물을 대상으로 한 숫자 관련 착시 실험 역시 아직 많이 진행되지 않은 편이다. 지금까지 구피를 대상으로 한 연구만 단 한 번 있었다. 이 실험을 위해 구피는 다시 합숙 훈련소에 들어갔다. 이곳에서 구피는 어디에 흑돌이 더 많이 있는지 분별하는 법을 배웠다. 우선 두 개의 바둑알 그림을 구피에게 보여 주었다. 두 그림에는 수많은 흑돌이 무작위하게 분포되어 있다. 실험의 난이도는 여러 단계로 나눠 진행되었는데, 전반적으로 백돌의 비율이 흑돌보다 점점 낮아지도록 했다. 난이도가 쉬운 실험은, 다음 그림처럼 왼쪽에 흑돌 11개, 오른쪽에 흑돌 21개가 있다. 그다음에는 한 그림에 흑돌 19개와 백돌 13개, 가장 까다로운 실험은 한 그림에 흑돌 18개, 백돌 14개였다.

여기서 모든 물고기가 가장 어려운 단계를 깨지 못한 사실이 드러났다. 물고기는 훈련을 거친 뒤에도 이전처럼 바둑알

구피 합숙 훈련소에서 활용한 두 가지 그림. 왼쪽 그림은 흑돌이 11개, 오른쪽 그림은 21개다.

착시에 빠졌다. 두 그림 모두 흑돌이 16개 포함되지만, 한쪽은 모든 흑돌이 중앙에 모여 있고 다른 쪽은 흑돌이 가장자리에 분포되어 있다. 이 실험에 숨겨진 의도는 다음과 같다. 물고기가 인간과 똑같은 방식으로 착시를 인지한다면, 물고기는 중앙에 있는 알들이 하나의 형태를 이루는 그림을 선택할 것이다. 이 그림에 흑돌이 더 많다고 생각하기 때문이다. 그러나 예상과 다른 결과가 나왔다. 물고기의 개체 비율 중 14퍼센트만이 착시에 빠져 흑돌이 가운데에 몰린 그림을 의도적으로 쿡쿡 찔렀다. 이들은 훈련에서 가장 까다로운 단계를 성공적으로 통과한 물고기들이었다. 나머지 물고기는 착시 현상에 홀려 펄쩍펄쩍 뛰어오르지 않는 듯했다. 아마도 수많은 흑돌에 압도되었을 것이다.

이 실험을 통해 구피가 숫자를 세는 능력이 있음이 드러났다. 그런 능력이 없다면 훈련 성과는 전혀 없었을 테니까. 한편으로는 이 실험을 통해 물고기도 개체마다 능력이 다르고 숫자에 재능이 있다는 것을 알게 되었다. 물고기가 수학을 잘하면 잘할수록 착시에 속을 가능성도 높다.

물고기를 대상으로 실험한 또 다른 종류의 착시 현상이 있다. 예를 들면 운동 착시로, 움직임이 전혀 없는 그림에서 움직임을 인지하는 현상이다. 다음 그림은 눈의 양 끝 초점 밖에 있는 원이 회전하는 것처럼 보인다. 실험 결과, 민물고기도 사

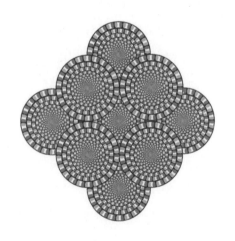

람과 아주 비슷했다. 물고기는 대부분 움직임을 인지했고 이 중 약 25퍼센트는 움직임을 전혀 인지하지 못했다. 이러한 비율은 인간과 매우 유사하다. 사람도 모두가 착시를 인지하는 것은 아니기 때문이다.

민물고기와 바닷물고기는 인간과 마찬가지로 동시 대비 착시에 빠진다. 동시 대비 착시는 아리스토텔레스가 이미 설명한 바 있는데, 같은 색의 물체라도 어떤 배경에 놓이는지에 따라 어둡거나 밝게 보이는 현상이다.

다음 그림에서 볼 수 있는 착각적 윤곽은 물체의 윤곽이 전혀 없는데도 윤곽을 인식하는 현상을 의미한다. 민물고기와 바닷물고기도 인간만큼 이 착시에 자주 빠진다. 단, 금붕어는 윤곽을 항상 인식하지는 못하는 것으로 보아 착시 현상을 보는 데 문제가 있는 듯하다.

물고기가 경험하는 착시에 관한 연구는 비교적 새로운 분야에 속한다. 물고기가 착시에 빠지는 주된 이유는 여러 가지가 있다. 한편으로는, 경골어류가 전 세계 척추동물의 약 50퍼센트를 차지한다. 그러니 우리가 경골어류에 관심을 둘 이유가 충분하다. 경골어류의 서식지가 매우 다양한 만큼 특성, 능력, 습관도 각양각색이다. 하지만 물고기를 연구하는 일이 항상 쉽지는 않다. 대부분의 민물고기는 비용을 덜 쓰고도 수족관에 들일 수 있어서 연구실에서 얼마든지 관찰할 수 있지만 구피나 제브라피시 같은 해수어는 비용이 훨씬 많이 든다. 해수어는 2만 종으로 추정되어 전 세계 어류의 대부분을 차지하기 때문에 이는 상당히 유감스러운 일이다.

상어는 진화생물학 측면에서 보면 태고 시절의 어류라는 점에서 흥미로운 연구 대상이 될 수 있다. 예를 들면 수백만 년 전에 어떤 인지 착각이 있었는지 파악하고, 경우에 따라서는 진화생물학적인 이점이라고 설명할 수 있다. 물고기에 관심이 없는 사람에게는 이렇게 말해 주고 싶다. 물고기 연구 또한 인간을 더 잘 이해하는 데 도움이 된다고. 과학자들은 인간의 관점에서 덜 복잡해 보이는 유기체를 먼저 이해한 다음 복잡한 생명체를 연구한다. 놀라운 이야기일지 모르겠으나, 착시 현상만큼은 인간이 물고기와 비슷하게 인식하는 것 같다.

물론 아직 밝혀야 할 것이 많다. 여기서 언급한 착시 현상 중 거의 모두가 인간을 대상으로 한 연구를 통해 착각이 대뇌피질과 연관이 많다는 사실로 입증되었다. 그런데 물고기는 대뇌피질이 없는데도 착시 현상을 제대로 겪는다. 물고기 연구 덕분에 다른 뇌 구조가 착시와 관련한 역할을 맡고 있음이 드러났다. 착시가 흥미로운 점은 문화적 측면이 인지에 영향을 끼친다는 사실이다. 예를 들어 아프리카 남부에 사는 산족*처럼 문자와 미술 분야에 원과 직선이 거의 존재하지 않는 문화권은 기하학적 착시를 전혀 겪지 않는다. 즉, 원 모양의 착시를

---

* 부시맨으로 알려진 부족.

겪으려면 이전에 원을 본 적이 있어야 한다.

이는 산드로 델 프레테Sandro Del-Prete가 그린 흑백 그림 〈돌고래의 연가Love poem of the dolphins〉를 떠올리면 쉽게 이해된다. 이 예술가는 빛과 그림자로 착시를 창조했다. 벌거벗은 여성이 바닥에 무릎을 꿇고 있다. 그의 뒤에는 한 남성이 있다. 이 남성은 다정하게 여성의 허리를 감고 있다. 여성의 팔은 위로 뻗어 있으며 키스를 하려고 다가온 연인의 머리를 다정하게 휘감고 있다. 적어도 어른이 보기에는 말이다. 어린이는 이 그림에서 연인이 아니라 물 위로 튀어 오르는 돌고래 여덟 마리가 보인다. 인간은 자신에게 익숙한 것만 본다. 그렇다면 물고기도 마찬가지 아닐까? 금붕어는 자기가 사는 세상에 삼각형이 없기 때문에 삼각형을 모르는 게 아닐까? 그래서 착각적 윤곽에 빠지지 않은 게 아닐까?

착시는 생리학·신경학 분야에서 까다로운 문제를 푸는 데 큰 도움을 주었다. 우리는 날마다 눈에 의존하며 보이는 것에 대한 신경학적 해석을 신뢰한다. 이를 통해 속도와 거리를 짐작할 수 있고 벽에 부딪히기 전에 제동을 걸 수 있다. 우리는 움직임을 조정해 책장에서 책을 놓치지 않고 잡고, 공을 목표물을 향해 던질 수 있다. 우리는 감각기관을 신뢰하고 의존한다. 단, 감각기관은 착시가 일어날 때만 제대로 작동하지 않는다. 그래서 우리는 착시에 매료되며 바로 이런 까닭으로 우리는 착시 현상이라는 훌륭한 도구의 도움을 얻어 인간의 감각 기관과 뇌를 연구할 수 있다.

수 세기 동안 연구했음에도 불구하고 인간은 물론 물고기의 기저에 정확히 무엇이 깔려 있는지는 여전히 수수께끼다. 새로운 밀레니엄이 시작된 이후로 물고기의 착시 현상을 집중적으로 연구하는 경우는 한 줌에 불과하다. 그러므로 현재 우리는 물고기가 어떻게 시각적으로 주변을 인지하는지 거의 알지 못한다. 이 말은 곧 대답해야 할 질문이 많이 남아 있으며 앞으로 발견할 것도 많다는 뜻이기도 하다.

10

바이러스의 모든 것

진화

바이러스는 2020년부터 모든 사람의 입에 오르내리고 있다. 코로나19 팬데믹은 일상을 뒤죽박죽으로 만들었다. 바이러스는 바다에서 아주 중요한 역할을 하는데, 병원체의 역할보다는 진화의 직접적인 원인이자 바다에 있는 여러 서식지의 영양 공급자의 역할이 더 크다. 다종다양한 생명체가 미생물에 속한다. '미생물'이라는 명칭에서 알 수 있듯이 이 생명체를 하나로 묶는 개념은 극미한 수준으로 작다는 점이다. 한편으로는 원핵생물, 그러니까 박테리아와 고세균이 있고 다른 한편으로는 조류, 균류, 섬모충류, 방산충류, 와편모충류 같은 진핵생물이 있다. 그리고 당연히 바이러스 무리도 잊으면 안 된다.

이들은 수면부터 심해에 이르는 곳, 심지어 퇴적물에도

숨어 있다. 사실 바이러스는 해양 전체에 밀리리터당 최대 1억 개가 분포되어 있을 정도로 흔한 '생명체'다. 바다에 있는 모든 바이러스를 나란히 늘어놓으면, 가까운 은하계 60곳에 도달할 만한 다리가 만들어질 것이다.

바이러스를 생물로 봐야 하는지를 두고 의견이 분분하다. 이에 대해 바이러스학자들은 여러 진영으로 나뉜다. 이때 다음과 같은 질문이 가장 먼저 영향력을 발휘한다. '살아 있다'는 상태를 어떻게 정의해야 할까? 고대 그리스인들도 이 문제로 골머리를 앓았으며 오늘날까지 이 문제는 해결되지 않았다. '살아 있음'의 의미가 정확히 무엇인지에 관해 보편타당하게 내릴 수 있는 정의는 여전히 존재하지 않기 때문이다. 움직이고, 호흡하고, 자극에 반응하고, 성장하고, 번식하고, 영양을 섭취하고, 배설하는 능력이 있으면 된다는 학계의 고전적인 정의를 고수한다면, 바이러스는 상당히 불리한 위치에 선다.

바이러스는 쉽게 말해 내부에 DNA가 약간 들어 있는 단백질 주머니에 불과하다. 크기가 25~300나노미터로 엄청나게 작아 전자현미경으로만 볼 수 있다. 바이러스의 유전정보 또한 4000~63만 개 염기쌍으로 아주 적다(인간의 경우는 30억 개 염기쌍이다). 바이러스는 능동적으로 움직이지도 않고 자극에 반응하지도 않는다. 성장하지도 호흡하지도 않는다. 바이러

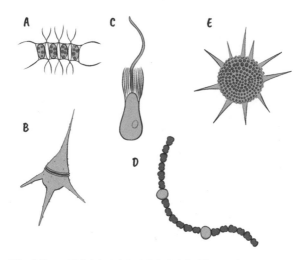

A: 규조류는 단세포 조류이지만 무리를 형성해 나란히 사슬로 묶일 수 있다.

B: 와편모충류는 종에 따라 광합성을 하거나 육식을 하며 산다.

C: 깃편모충류는 박테리아를 먹고 산다. 편모를 활용해 박테리아를 입 비슷한 기관으로 집어삼킨다.

D: 시아노박테리아는 남세균이라고도 알려져 있는데, 조류처럼 광합성을 하기 때문이다.

E: 방산충류는 방사충이라고도 불리는데, 이산화규소 성분의 방사 모양 바늘이 달린 단단한 껍질로 이루어져 있다. 방산충류는 물에 떠 있는 유기 입자를 먹고 산다.

스는 오로지 한 가지 일만 한다. 바로 증식이다. 이것이 바이러스가 가진 거의 유일한 삶의 의미다. 하지만 바이러스는 독자적으로 증식할 수 없다. 증식하기 위해서는 자발적인 숙주세포가 필요하다는 사실에 주목하자. 바이러스는 기생충으로 숙주에게 완전히 의지하며, 실제로는 사실상 '살아 있는' 요소가 전혀 없기 때문에 생물이라는 지위가 박탈되는 경우가 빈번하다. 그러나 많은 과학자는 바이러스를 유기 생명체와 화학물질 사이를 오가는 일종의 '국경 왕래자'로 보거나, 삶의 예비 단계의 일종으로 여긴다.

뭐라고 정의하든, 바이러스는 지구 전역에 믿을 수 없을 정도로 널리 퍼져 있다. 바이러스는 유전적으로도 다양할 뿐만 아니라, 실제로 매우 다양한 형태와 모양새로 존재한다. 이중가닥 DNA 바이러스, 단일가닥 DNA 바이러스, 이중가닥 RNA 바이러스, 단일가닥 RNA 바이러스, 외피 보유 바이러스, 외피 비보유 바이러스, 거대 바이러스, 진핵생물을 감염하는 바이러스, 고세균을 감염하는 바이러스, 박테리아를 감염하는 바이러스가 있다. 그리고 당연히 바이러스를 감염하는 바이러스도 존재한다.

✳

해양 미생물 세계는 대부분 바이러스로 이루어졌기 때문에 박테리아를 감염하는 바이러스가 특히 중요하다. 이 바이러스를 박테리오파지, 줄여서 파지라고 한다. 표준적인 파지는 아주

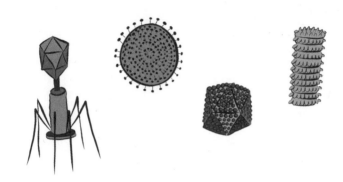

바이러스는 시각적으로도 매우 다양하다.

단순하게 구성된 단백질 외피를 지니고 있고, 내부에 DNA가 있다. 우연히 박테리아 세포가 자신의 근처를 지나면(파지는 스스로 능동적으로 움직이지 못하므로) 파지는 마치 주사기처럼 자신의 DNA를 박테리아에게 주입한다.

이제 감염이 계속 진행되는 방법은 두 가지다. 첫 번째 전략은 이른바 용균성 생활사다. 바이러스는 세포를 납치해 새로운 아기 바이러스를 생성하도록 몰아붙인다. 그런 다음 세포는 파열되고 새로운 바이러스가 주위로 퍼진다. 그곳에서 바이러스는 잡아먹히거나 햇빛에 파괴되기 전에 다음 숙주세포를 만나기를 기다린다.

두 번째 전략은 용원성 생활사다. 이때 바이러스는 자신의 DNA를 숙주세포에 몰래 끼워 넣는다. 침투된 DNA는 눈에 띄지 않게 몰래 지내며, 처음에는 비활성화 상태에 있다. 이렇게 숙주세포 DNA에 통합된 바이러스 DNA를 프로파지 또는 프로바이러스라고 한다. 그리하여 바이러스는 세포가 분열하고 증식될 때마다 복제된다. 바이러스는 자외선 같은 외부 요인에 의해 활성화될 수 있으며, 이때는 마치 용균성 생활사 감염처럼 활발하게 증식하기 시작한다.

하지만 어떤 생활사를 사용하든 상관없다. 결국 두 방법 모두 세포의 파열로 끝을 맺기 때문이다. 이런 일을 겪는 세포의 입장에서는 당연히 어리석고 터무니없다. 그러나 보다 큰 그림의 차원에서 보면, 바이러스는 해양생태계에 엄청나게 중요하다. 바이러스의 행동이 해양에서 일어나는 '생지화학적 순환'에 영향을 끼치기 때문이다.

생지화학적 순환이란, 탄소 같은 화학물질이 생물에 의해 전환되고 이용되는 과정을 의미한다. 바다와 관련 있는 화학원소는 탄소, 질소, 인산염, 황이 있다. 특히 해양의 탄소순환은 오늘날의 기후변화 시대에 큰 역할을 한다. 광합성 미생물, 그러니까 박테리아와 조류는 이산화탄소 형태로 탄소를 흡수해 당으로 전환한다. 그런 다음 또다시 다른 생물에게 먹힌다. 이것이 바로 이산화탄소가 먹이사슬에 들어가는 방법이다. 또

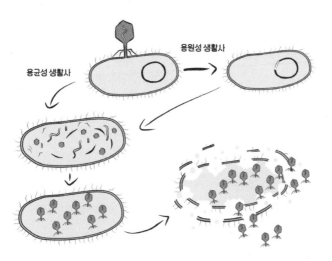

바이러스가 복제할 때 용균성 및 용원성 생활사가 진행되는 과정을 도식으로 나타냈다.

는 바다 밑바닥으로 가라앉아 침전물로 퇴적된다. 이렇게 되면 이산화탄소는 죽은 세포에 고정된 상태로 묶여 결국 대기로 돌아갈 수 없다.

이 순환 과정에서 이른바 바이러스 분로viral shunt도 상당한 역할을 한다. 이는 바이러스가 미생물을 괴롭혀 세포가 파열되어 세포의 구성 요소가 바다에 널리 분포되는 것을 의미한다. 이렇게 되면 미생물은 더 이상 크릴 같은 좀 더 큰 유기체의 먹이가 되지도 않고 심해에 가라앉지도 않는다. 그러나 세포의 구성 요소는 유기 에너지에 의존하는 이른바 종속영양세균이 선호하는 빼어난 먹이가 된다. 이는 비스킷을 먹는 것과 똑같다. 우리는 접시에 남은 부스러기에 관심을 두지 않지만 개미에게는 만찬이나 마찬가지다. 따라서 바이러스가 존재하면 종속영양세균이 빠르게 증식되는 결과로 이어진다.

바이러스가 영향을 끼치는 차원이 상상 이상이라는 걸 명확하게 보여 주는 증거가 있다. 바이러스는 열대 및 아열대 해양에서만 연간 14만 5000톤의 탄소를 배출하게 만드는 것으로 측정된다. 승자 죽이기 가설에 따르면, 감염은 미생물 공동체가 서로 섞이는 데 도움을 준다. 특정 미생물 종에게 아주 살기 좋은 조건이 형성되자마자 이 종은 공동체를 지배해 다른 종을 밀어낸다. 하지만 이 미생물 종이 승승장구하고 개체 수를 증가시키면 이 종에게 특화된 바이러스도 쉽게 창궐해 미생물의 번성이 막힌다.

이 말이 얼핏 별것 아닌 것처럼 들릴지도 모르지만 만약 단세포 조류가 번성하면 해양 생물, 양식장, 인간에게 엄청난 문제를 일으킬 수 있다. 영양소가 많이 공급될수록 조류가 극도로 번성해 규모가 몇 제곱킬로미터나 커지고 바다의 색깔이 변할 수 있다. 심지어 이 단세포 조류와 시아노박테리아 중 상당수는 독소를 방출한다. 이렇게 되면 해양 생물은 떼죽음을 당하고 인간의 목숨도 위험해진다. 우리가 오염된 물고기를 먹을 수도 있기 때문이다. 가장 잘 알려진 것은 유독성 적조다. 이때 엄청난 수의 와편모충류인 **카레니아브레비스**_Karenia brevis_ 가 바다를 진홍색으로 물들인다. 2020년 러시아 캄차카반도 인근에서 수많은 해양 동물이 떼죽음을 당했다. 이 또한 대량

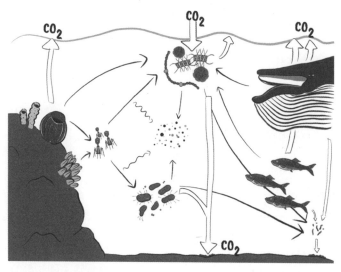

바다에서 일어나는 탄소순환(하얀색 화살표)과 먹이그물(검은색 화살표)을 그린 단면도. 바이러스는 해양 탄소의 펌프 역할을 한다. 바이러스는 미생물을 파괴해 먹이사슬에서 제거한다. 하지만 바이러스는 자신이 먹이그물의 일부이기도 하다. 바이러스는 세포가 파열되면서 박테리아에게 먹이를 공급하고, 또 한편으로는 조개나 해면동물 같은 여과 섭식자에게 자신을 먹이로 제공하기 때문이다.

으로 번성한 규조가 원인이었다. 북해와 발트해 연안에서 자주 발견되는 역겨운 거품도 조류가 대량 번식한 결과다. 따라서 이러한 조류의 증식을 통제하려면 바이러스가 필요하다.

✳

또한 바이러스는 수많은 해양 생물의 진화에도 중요한 역할을 한다. 게놈, 즉 한 생물의 전체 유전질은 일반적으로 자신의 후손에게 대대로 전달된다. 이를 수직적 유전자 이동이라고 한다. 수평적 유전자 이동은 두 개체가 성행위 없이 서로 유전자를 교환하는 것이다. 이는 자손에게 유전적 특성을 물려주는 게 아니라 개체 당사자가 직접 유전적으로 변형되는 것을 의미한다. 박테리아의 경우 접합이라는 말로 이미 잘 알려져 있는 기능이다. 접합이 일어날 때 세포는 이른바 플라스미드라는 고리 모양의 DNA 조각을 전달한다. 혹은 자유롭게 떠다니는 DNA 조각을 도입할 수도 있는데, 이를 전환이라고 한다. 그래서 무해한 박테리아 균주가 갑자기 병원체나 항생물질 내성균이 될 수 있다.

유전자 이동의 또 다른 형태인 형질도입은 박테리아뿐만 아니라 진핵생물에게도 일어난다. 형질도입은 21세기 초에야 알려지기 시작했다. 형질도입이 일어날 때 바이러스는 결정적인 역할을 한다. 바이러스가 세포의 게놈으로 슬금슬금 다가가 침투해 새로운 아기 바이러스를 생성하면, 숙주 DNA와 인접한 부분이 바이러스 DNA에 달라붙어 복제되는 일이 발생할 수 있다. 그렇게 아기 바이러스는 숙주 유전자를 다음 숙주에 계속 옮긴다. 이러한 방식으로 바이러스는 미생물이 진화하고 발달하는 동인이 된다.

형질도입의 잘 알려진 사례로 시아노박테리아를 꼽을 수 있다. 시아노박테리아에는 시네코코쿠스와 프로클로로코쿠스가 포함된다. 시아노박테리아는 남조류°라는 잘못된 이름으로 알려져 있다. 시아노박테리아의 일부 종이 청록색을 띠고 광합성을 하기 때문이다. 그러나 시아노박테리아는 조류가 아니라 박테리아다. 이 두 종류의 시아노박테리아속은 전 세계에서 일어나는 모든 광합성 중 약 25퍼센트를 책임지고 있다. 생각해보면 꽤 활동적인 광경이다. 시아노박테리아 수십억 마리가 바다를 돌아다니는 모습을 상상해 보라. 시아노박테리아에 특화된 바이러스인 시아노파지를 자세히 들여다보면 파지가 광합성 유전자를 보유했다는 걸 알 수 있다. 이는 참 독특하다. 흔

● 흔히 남조류와 남세균을 같은 의미로 사용하나 엄밀히 따지면 다르다.

히 파지는 증식에 필요한 유전자만 지녔다고 가정하기 때문이다.

그렇다면 시아노파지가 광합성 유전자를 보유하는 이유는 무엇일까? 한편 파지가 숙주세포의 에너지 생산을 증가시키는 몇몇 유전자도 함께 가져온다면, 당연히 파지에게도 장점으로 작용한다. 실제로 시아노파지에서 발견된 유전자는 숙주세포가 여러 다양한 빛 조건에서 살 수 있도록 만들어, 좀 더 깊은 해수층으로 생활권을 확장하는 데 기여한다. 숙주세포가 잘 살아가고 자주 분열하면 세포 내부에 있는 바이러스도 더불어 증가한다. 그리고 이후 바이러스가 용균성 생활사에 들어가면 박테리아 세포의 거의 모든 기관은 활동을 멈추고 바이러스만 계속 생성한다. 당연히 이러한 생성에는 에너지가 필요하므로 광합성이 계속 이루어져야 한다. 그래서 파지가 광합성까지 향상하는 유전자를 가져오면 굉장히 좋다. 하지만 바이러스 자체가 이익을 얻는 건 아니다. 파지 개체군은 숙주 입장에서는 일종의 유전자 저장소로 보이므로, 유전자 자체는 여러 종간에 교환될 수 있다고 추측한다.

또한 펠라지박터 유비크라는 명칭으로 잘 알려진 박테리아 SAR11은 실제 개체군 크기가 2.4×10^{28}인 세포로 측정되며, 지구에서 가장 흔한 생물이기도 하다. 아울러 이 박테리아도 바이러스 덕분에 생존에 성공하는 것으로 보인다. SAR11은 실제로 바다 어디에서나 발견할 수 있으며, 매우 작은 게놈을 가졌지만 다양한 환경조건에 대처가 가능하다. 이 게놈에는 프로파지가 장착된 경우가 아주 다반사다. 그러나 이 프로파지는 박테리아에게 거의 무해하다. 프로파지는 모든 경우 가운데 약 30퍼센트만 용균성 생활사에 들어가 박테리아 세포를 용해하기 때문이다.

SAR11과 파지는 일종의 공생을 이루는 것으로 추정된다. 또한 파지는 자기 개체군을 유지하는 데 꼭 필요한 만큼의 박테리아만 죽이는 듯하다. 대신 파지는 이때 발생하는 수평적 유전자 이동을 통해 박테리아의 유전적 다양성을 증가하는 데 도움을 준다. 이로써 박테리아는 생활권을 확장할 수 있다. 그러므로 '승자 죽이기'라는 말보다는 '승자 등에 업히기'가 더 알맞다.

흥미롭게도 수평적 유전자 이동은 다른 종이나 속 사이에서만 일어나는 게 아니다. 서로 다른 생명체 영역 간에도 이러한 유전자 교환이 가능한 것으로 보인다. 그러니까 박테리아, 고세균, 진핵생물 사이에서도 유전자 교환이 일어난다. 이러한 유전자 교환은 생물에게 보호, 먹이 스펙트럼 확대, 새로운 생활권 점유 및 극한의 환경조건 적응 측면에서 새로운 가능성을 열어 준다.

멍게는 동물계에서 유일하게 식물처럼 셀룰로오스를 생성해 보호 외골격으로 활용하는 능력을 지녔다. 일부 규조류는 박테리아 유전자를 가지고 있는데, 이 유전자는 해양계에서 매우 부족한 철을 좀 더 효과적으로 흡수할 수 있도록 한다. 단세포 조류인 남극에 서식하는 **페오시스티스**_Phaeocystis antarctica_는 일종의 부동액을 생성하는 유전자 덕분에 남극의 얼음장 같은 추위를 극복한다. 홍조류인 **갈디에리아 술푸라리아**_Galdieria sulphuraria_는 수평적 유전자 이동 덕분에 극도로 뜨겁고 산성 농도가 매우 높은 환경을 견딘다.

앞서 언급한 모든 사례처럼 이러한 능력은 서로 다른 생명체 영역 간의 유전자 교환을 통해 얻은 것으로 추정된다. 바이러스가 이 유전자 이동을 실행한 것인지, 아니면 유전자 이동의 다른 가능성에서 기인한 것인지는 현재까지 명확하게 밝혀지지 않았다. 2019년에 발견한 거대 바이러스가 가져온 유전자 덕분에 깃편모충(육식 생활을 하는 진핵생물)이 광합성 능력을 지녔다는 사실이 밝혀졌다. 이러한 최신 통찰을 통해 유전자 이동 관련 이론은 좀 더 강력한 타당성을 확보한다.

미생물에 있든 훨씬 복잡한 동물에 있든 바이러스는 단순히 병원체 역할만 하지는 않는다. 이와 관련해 **푸른민달팽이**

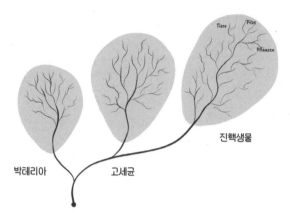

박테리아　　　　　고세균　　　　　진핵생물

생명의 계통수는 세 가지 생명체의 영역으로 이루어진다. 박테리아, 고세균, 진핵생물이다. 세 영역 간의 전형적인 차이점이 있다. 진핵생물에는 세포소기관과 세포핵이 있다. 박테리아와 고세균은 세포막과 신진대사 측면에서 서로 차이가 난다. 계통수의 촌수는 세 영역 모두에서 발견되는 리보솜 RNA의 유사성을 기준으로 따진다. 원래는 생명체 영역 간 유전자 이동은 절대 불가능하다고 추정했다.

Elysia chlorotica 사례가 흥미롭다. 이 조그마한 달팽이는 길이가 3센티미터이고, 등에는 보리수 잎을 떠올리게 하는 솔이 펼쳐져 있다. 이 솔은 에메랄드그린으로 빛나며 벨벳처럼 곱고 부드러운 우아함을 지니고 있다. 푸른민달팽이는 조류나 식물처럼 햇빛을 양분으로 삼아서 태양열로 움직인다고 표현해도 잘 어울린다. 이 생물은 상당히 비현실적으로 보인다. 보통 동물은 광합성을 할 능력이 없기 때문이다. 또한 달팽이가 스스로

이런 일을 할 수도 없다.

푸른민달팽이는 자신이 먹는 조류로부터 엽록체를 빼내어 광합성을 추진한다. 엽록체는 식물 및 조류 세포에 있는 세포소기관이다. 엽록체 안에서 광합성이 일어나며 모든 자가증식 세포소기관처럼 자체적으로 작은 게놈을 갖고 있다. 푸른민달팽이는 매우 특정한 조류 종인 바우체리아만 먹고 산다. 이 달팽이는 다른 조류 종의 엽록체는 활용할 수 없는 것으로 보인다. 조류 세포는 달팽이의 위에서 소화되지만 엽록체는 달팽이의 세포로 흡수된다. 엽록체는 보리수 잎처럼 생긴 등에 분포된 소화관 세포에 저장된다. 등은 차일*처럼 펼쳐져 있어 엽록체에게 완벽한 작업 조건을 제공한다.

푸른민달팽이가 조류를 소화하면서 무사히 엽록체를 흡수하는 방법에 대해서는 아직 밝혀진 바가 없다. 또한 달팽이가 어떻게 몇 개월에서 1년에 걸쳐 광합성을 유지하며 먹이를 잡아먹을 필요가 전혀 없는지에 대해서도 분명하게 밝혀진 바가 없다. 이런 방식으로 살려면 단순히 엽록체 이상의 무언가가 필요하다. 엽록체가 자신의 유전자를 온전히 가져온다고 해도 광합성이 제대로 이루어지려면 조류 DNA에 있는 유전자가 필요하다. 푸른민달팽이를 조사하면 이 달팽이가 자신의 유전질에 이 식물 유전자를 보유하고 있다는 사실을 밝혀낼 수 있다. 그런데 푸른민달팽이는 이 식물 유전자를 어디서 얻은 걸까?

여기서 또 수평적 유전자 이동이 작용한다. 이때 바이러스는 조류 유전자가 달팽이의 유전질에 이식되도록 도왔을 것으로 추정된다. 그리고 이 바이러스는 푸른민달팽이의 생활 주기도 결정하는 것으로 보인다. 달팽이는 알을 낳은 뒤 갑자기 죽음을 맞이한다. 실험실이라는 격리된 조건에 있던 푸른민달팽이가 죽기 직전에 바이러스와 비슷한 입자가 증가하는 것으로 밝혀졌다. 이를 통해 이 입자가 게놈에 있으며, 바로 거기서 달팽이를 죽음으로 이끌었다고 추측된다. 바이러스는 달팽이에게 새롭고 환상적인 특성을 줄 뿐만 아니라 수명까지 결정지었다.

하지만 이러한 가설에는 논쟁의 여지가 있다. 최근 몇 년 동안 이 가설이 옳다는 증거뿐만 아니라 그렇지 않다는 증거도 발견되었기 때문이다. 푸른민달팽이가 필요한 광합성 단백질을 스스로 생산하는 게 아니라, 소화한 조류 세포로부터 흡수한다는 가설이 추가로 고찰되고 있다. 특수한 보호 단백질을 이용하면 광합성 단백질의 기능을 몇 개월 동안 보장할 수

• 볕을 가리기 위하여 치는 포장.

푸른민달팽이는 미국·캐나다 동부 해안의
염습지에서 발견된다. 눈이 밝고
운도 좋아야 이 달팽이를 발견할 수 있다.
아주 작고 희귀하며 위장술도 뛰어나
연구 대상으로 삼기가 만만치 않다.

있다. 2019년부터 푸른민달팽이는
더 이상 엽록체를 훔치는 유일한 동물
이 아니게 되었다. 해양 편형동물 **바이칼
렐리아 솔라리스**_Baicalellia solaris_와 포가이나 **파라니굴구스**_Pogaina
paranygulgus_가 발견되었는데, 이들 모두 규조류의 엽록체를 활
용해 광합성을 하는 것으로 밝혀졌다. 아마도 이 해양 편형동
물을 통해 광합성이 어떻게 계속 진행되며 여기서 바이러스가
어떤 중심적인 역할을 하는지 더 많이 알게 될 것이다.

＊

1초당 10^{23}(0이 23개나 붙는 엄청난 숫자다)개의 식물성플랑크톤
세포와 박테리아 세포가 바이러스에 감염된다. 그래서 바이러
스는 바다 사방팔방에 맹위를 떨치는 듯 보인다. 하지만 박테
리아는 양성이든 음성이든 상관없이 바이러스에 무방비로 당

하지는 않는다. 바이러스를 방어하는 방법도 물론 있다. 숙주는 침입자로부터 자신을 보호하는 메커니즘을 개발한다. 그리고 바이러스는 이러한 메커니즘을 피할 방법을 개발한다. 이렇게 밀고 당기는 것을 붉은 여왕 가설이라고 한다. 이 효과는 소설 《거울 나라의 앨리스》에 등장하는 붉은 여왕이 한 말에서 비롯되었다. "이 나라에서는 같은 자리에 계속 머물려면 최대한 빠르게 뛰어야 한다."

석회 비늘 편모류인 **에밀리아니아 훅슬레이**_Emiliania huxleyi_는 숙주와 바이러스의 경주를 가장 멋지게 보여 주는 사례다. 이 단세포 조류는 해수 상층에서 플랑크톤의 일부로 살아가며 거의 모든 해양 지역에서 발견할 수 있다. 에밀리아니아 훅슬레이는 남조류와 마찬가지로 해양 탄소 펌프 시스템에서 중요한 톱니바퀴 역할을 한다. 에밀리아니아 훅슬레이의 특징은 방해석 판인데 이 조류의 모습은 마치 아스테릭스와 오벨릭스*를 방패로 막으며 덜덜 떠는 로마군을 떠올리게 한다. 때때로 에밀리아니아 훅슬레이는 대량으로 피어나 자기들이 걸친 흰색 갑옷으로 바닷물을 온통 우윳빛이 도는 푸른색으로 덮는다. 이 광경은 위성사진에서도 알아볼 수 있을 정도다. 이 피어남은

---

* 두 사람 모두 프랑스의 유명한 만화 주인공이다.

짧은 기간 지속되며 바이러스 활동이 고조되면서 사라지는 듯하다. 바이러스 확산을 막기 위한 유전적 자멸 메커니즘을 추가로 구축하기는 했지만 갑옷으로는 자신을 보호하지 못하기 때문에 에밀리아니아 훅슬레이는 이미 오래전에 우회로를 찾았다. 이 조류는 다른 비책을 마련했다. 에밀리아니아 훅슬레이에게는 두 개의 생애 단계가 있다. 하나는 방해석 판을 갖추고 사는 단계이고, 또 하나는 갑옷을 벗고 활발하게 움직이는 성생활 단계다. 후자의 단계에서는 바이러스가 해를 끼칠 수 없으므로 확실하게 번식할 수 있다.

박테리아와 고세균도 바이러스를 방어하는 메커니즘을 보유하고 있다. 바로 CRISPR/Cas 시스템이다. 이것은 최근 몇 년 동안 상당히 유명해졌다. 이 시스템은 세포에 침투한 외

석회 비늘 편모류인 에밀리아니아 훅슬레이는 두 개의 생애 단계가 있다.

래 DNA를 인식해 효소로 절단한다. 새로운 감염에 좀 더 빠르게 반응할 수 있도록 박테리아 게놈에 바이러스 DNA의 작은 절단면을 삽입해 재인식한다. 이 '유전적 수배자 사진'은 자신의 후손에게 대대로 물려줄 수 있다는 장점이 있다. 이 시스템은 과학자들이 유전자조작을 위한 새로운 기술을 개발하기 위해 활용하면서 커다란 주목을 받았다. CRISPR/Cas 시스템은 흔히 유전자가위로 알려졌으며 생물에 있는 유전자를 의도적으로 차단하거나 이식하거나 잘라내는 일을 훨씬 쉽고 빠르게 한다. 얼핏 간단하게 들릴 수도 있지만 생명공학 분야에서는 세상을 뒤흔든 발견으로 꼽힌다. 2015년 저명한 과학지 〈사이언스〉는 유전자가위를 '올해의 획기적인 발견'으로 선정했고, 이를 개발한 에마뉘엘 샤르팡티에Emmanuelle Charpentie와 제니퍼 다우드나Jennifer Doudna는 2020년 노벨화학상을 수상했다.

하지만 바이러스에게도 적이 있다. 그것도 꽤나 많다. 심지어 바이러스는 스스로 불행을 초래할 수도 있다. 바이러스를 감염하는 바이러스도 있기 때문이다. 2003년이 되어서야 이른바 거대 바이러스의 존재를 알게 되었다. 아메바를 감염하는 박테리아 **브래드포드 코커스**Bradford coccus*가 박테리아가

* 현재는 **미미바이러스**Mimivirus라고 부른다.

아니라 거대 바이러스라는 사실이 밝혀지면서다. 그 이후로 이 거대한 기생충은 많이 발견되었다. 심지어 광학현미경으로도 볼 수 있다. 그래서 브래드포드 코커스는 바이러스 세계에서 희귀종이 절대 아니다. 거대 바이러스는 겉으로도 엄청나게 클 뿐만 아니라 보유한 DNA의 양도 대단히 많다. 표준 바이러스는 평균 약 10개의 유전자로 만족하는 반면 거대 바이러스는 수백 개의 유전자를 보유하고 있었다. 크기가 클수록 취약성도 늘어나는 것 같다. 바이로파지라는, 아주 작지만 자기보다 몸집이 훨씬 큰 형제자매를 전문적으로 때려잡는 바이러스가 있기 때문이다. 바이로파지는 거대 바이러스의 외피에 자리 잡은 뒤 거대 바이러스와 함께 숙주세포로 살금살금 다가간다. 거대 바이러스가 숙주세포를 침탈해 새로운 거대 바이러스를 생산하기 위한 바이러스 공장을 짓도록 강요하면, 바이로파지는 바로 이 바이러스 공장을 넘겨받아 스스로 복제한다. 그 결과 아기 바이로파지가 조금 탄생한다. 그러나 아기 거대 바이러스는 거의 세상에 태어나지 못한다.

한편 큰 동물도 바이러스에게 불행을 초래할 수 있다. 바이러스는 수많은 여과 섭식자의 먹이 신세가 된다. 즉 물을 여과해 박테리아, 단세포생물, 바이러스로 구성된 입자를 한데 모아 소화하는 동물에게 잡아먹힌다. 이런 동물에는 말미잘,

게, 멍게, 따개비, 요각류, 조개, 해면동물이 있다. 특히 해면동물은 바이러스 미식가이며, 바이러스를 물에서 걸러 내는 데 극도로 효율적인 능력을 발휘한다. 산호초처럼 해면 밀도가 높은 지역은 물론 바닥에 돌이 많고 차가운 물속에는 제곱미터 당 1400마리의 해면동물이 있을 수 있다. 그런 곳에서 해면동물은 수중 바이러스 함량에 큰 영향을 끼칠 것이다.

해면동물은 바이러스를 먹을 뿐만 아니라 항바이러스 분자를 활용해 바이러스와 싸울 수도 있다. 과학자들은 Ara-A 분자를 본보기로 삼아 바이러스성 질병을 치료하는 약제를 개발하는 데 활용하고 있다. 렘데시비르는 원래 에볼라 치료제로 개발되었지만 현재는 코로나19 치료제의 기대주가 되었다. 이 약제 또한 항바이러스성 해면 분자를 바탕으로 한다. 스폰지밥이 바이러스를 물리치는 비밀 병기일 줄 누가 상상이나 했을까?

여과 섭식자가 바다 바이러스 농도와 관련이 있다는 사실은 오랫동안 알려지지 않았다. 그래서 여과 섭식자가 바다의 물질 순환에 얼마나 간접적으로 영향을 끼치는지도 여전히 불확실하다. 하지만 분명한 것은 바이러스는 완전히 소화되기 전에 여과 섭식자의 체내에 축적된다는 사실이다. 유감스럽게도 이는 인간에게도 문제가 된다. 인간에게 특화된 바이러스가 하수를 통해 바다에 유입되어 해양 동물의 몸에 쌓이기 때문이다. 우리가 해면동물을 먹는 경우는 거의 없지만 홍합이나 굴 같은 해산물은 식탁에 자주 오른다. 특히 A형 간염 바이러스는 지중해의 해산물에서 빈번히 발견된다. 해산물을 섭씨 100도 이상의 온도에서 오랫동안 가열하거나 A형 간염 바이러스 예방 접종을 해야 감염을 막을 수 있다.

✳

DNA를 읽기 위한 염기 순서 분석법이 끊임없이 개발되면서 바이러스 세계는 21세기부터 접근하기 훨씬 쉬워졌다. 그럼에도 여전히 바이러스가 지닌 다양성은 놀랍다. 예를 들어 북극과 남극의 황량한 얼음 황무지가 바이러스 천국이라는 사실이다. 지구상 다른 어느 곳도 두 극지방만큼 바이러스의 다양성을 보여 주지 못했다. 이는 엄청나게 이례적인 일이다. 원래 종의 다양성은 적도에서 멀어질수록 줄어들기 때문이다. 따라서 북극과 남극은 거친 환경조건 때문에 종이 매우 부족한 지역이다. 그곳의 바다와 해빙에는 주로 미생물이 서식하고 더 큰 포식자는 없다. 그러므로 그곳에 있는 바이러스는 해수보다도 먹이그물에서 훨씬 중요한 역할을 할 것이다.

최근에 새로 발견된 사실에 따르면 얼음 황무지와 비슷하게 심해의 미생물 군집도(이곳도 더 큰 포식자가 없다) 바이러스가 결정적인 영향을 끼친다. 새로운 바이러스를 점점 더 많이 발견하는데도 가장 까다로운 질문인 "숙주는 누구인가?"에 대한 해답은 거의 나오지 않은 상황이다. 이 해답을 못 구하면 우리는 이 바이러스가 생태계에서 어떤 역할을 하는지 실감할 수 없다. 안타깝지만 현재까지도 실험실에서 배양할 수 있는 최소한의 해양 박테리아는 약 1퍼센트에 불과하다. 바이러스도 마찬가지다. 그래서 해양 바이러스 연구는 매우 어렵다. 하지만 균유전체학, 물 샘플에서 모든 DNA의 염기 순서 분석, 메타발현체학, 샘플에서 가동된 유전자 염기 순서 분석 같은 새로운 방법과 이 방법들의 조합이 발전하고 있다. 그래서 앞으로 몇 년 동안 바이러스는 전 세계의 물질 순환과 지구의 진화사에 끼친 영향이 무엇인지 더 많이 알려 줄 것이다.

나오는말

다 함께 떠난 발견의 여행이 끄트머리에 다다랐다. 적어도 이 책에서는 말이다. 다행히도 해양과학계는 아직 갈 길이 멀다. 그래서 우리는 앞으로 몇 년, 몇십 년 동안 계속 숨 막히는 발견을 하며 새로운 이론과 별난 생물을 기쁘게 맞이할 수 있을 것이다.

2020년 한 해만 해도 새롭고 놀라운 발견이 아주 많이 이루어졌다. 그레이트 배리어 리프 북쪽 끝에 있는 거대한 독립형 산호초는 호주의 과학자들을 깜짝 놀라게 했다. 독자적으로 형성된 산호 산의 높이는 총 500미터, 밑면은 1.5킬로미터에 이른다. 500미터는 상하이 세계 금융 센터와 똑같은 높이다. 이 건물은 독특한 건축 양식 때문에 '병따개'로 불린다. 이 건물을 모른다면 베를린 텔레비전 탑을 상상해도 되지만 산호 산이 1.5배 더 높다. 정말 인상적이다. 우리가 해저를 탐험한 적이 거의 없다는 사실은 알았지만 그럼에도 이런 거대한 구조물을 전혀 발견하지 못하고 지나쳤다는 게 거듭 놀랍기만 하다.

심지어 아드리아해처럼 친숙한 바다에서도 여태껏 알려진 적이 없는 산호초가 발견되었다. 과학자들은 이탈리아 풀리아주의 부츠 굽처럼 생긴 지형이 시작되는 곳에 위치한 도시인 모노폴리의 앞바다 수심 30~50미터 지점에서 2.5킬로미터의 암초를 발견했다. 지중해에 산호가 있다는 건 새로운 사실이 아니지만 그곳에서 암초를 형성할 능력이 있는 토착종은 별로 없다. 그러므로 지중해에는 암초 같은 구조가 극히 드물게 존재하며 이런 까닭에 새로운 암초가 생긴 일은 건 아주 특별한 사건이다.

얼마 전, 산소가 없어도 잘 사는 최초의 동물이 바다에서 발견되었다. 기생성 자포동물인 **헤네구야 살미니콜라***Henneguya salminicola*다. 이 동물은 실제로 미토콘드리아

기생동물인 헤네구야 살미니콜라는 외계인의 머리처럼 생겼다. 하지만 눈으로 추정되는 기관은 자세포로, 해파리와는 달리 먹이가 아닌 숙주를 포획할 때 사용된다. 채찍처럼 돌출된 쐐기 관으로 숙주에 단단히 달라붙는다.

도, 미토콘드리아 게놈도 없다. 그래서 세포호흡에 중요한 역할을 하는 유전자도 없다. 헤네구야 살미니콜라는 많은 기생동물과 마찬가지로 두 개의 생애 단계가 있으며, 이를 위해 각기 다른 두 숙주가 필요하다. 이 숙주 중 하나는 연어다. 이 자포동물은 연어의 근육 속에 하얀 낭포 형태로 둥지를 튼다. 다른 숙주는 벌레다.

근육 속에 기생동물이 자리 잡고 산다는 이야기는 확실히 혐오스럽게 들리지만 헤네구야 살미니콜라는 연어에게 영향을 주거나 전혀 해롭지 않다. 근육조직은 산소가 없는 혐기성이다. 또한 나중에 숙주 노릇을 감수해야 하는 벌레도 혐기성 기후에서 산다. 그렇기 때문에 이 기생동물은 산소가 부족한 환경에 적응하는 일이 매우 중요하다. "집세를 내지 않는 곳이라면 어디든 좋다"라는 좌우명에 따라 미토콘드리아도 기꺼이 제거한다. 헤네구야 살미니콜라가 산소 없이 에너지를 관리하는 방법은 아직 확실하게 밝혀지지 않았다.

매우 까만 심해어의 발견도 굉장한 볼거리였다. 너무 까매서 사진도 제대로 찍을 수 없는 물고기 16종이 발견되었다. 사진에는 실루엣만 나타나므로 스트로보등으로 섬광 촬영을 해야 사진에 담을 수 있다. 이들 물고기의 피부에는 생체 내 색소가 아주 빽빽하게 채워져 있어서 외부에서 심해까지 도달한

빛은 물론 해양 생물의 생체 발광으로 생산된 빛까지 모조리 흡수하고 입사광의 0.5퍼센트 미만만 반사한다. 그래서 이들은 암흑으로 완벽히 위장한다. 이를 통해 세상에서 가장 새까만 동물로 불리며 현재까지 인간이 개발한 가장 어두운 검은색에 육박할 정도다. 이 색깔은 2019년 매사추세츠 공과대학교MIT 과학자들이 우연한 계기로 만들었는데, 99.995퍼센트의 빛을 흡수하기 때문에 눈으로 볼 수 있는 윤곽이 전부 사라진

태평양 흑룡어 Idiacanthus antrostomus는 연구 역사상 가장 새까만 물고기 2위를 차지했다. 암컷은 최대 수심 2000미터 지점에서 살며 몸길이는 약 60센티미터까지 자란다. 복부와 등에 지닌 발광 기관으로 빛을 생성해 동족과 의사소통한다. 턱수염에 달린 발광 기관은 먹이를 잡기 위한 미끼로 사용된다. 수컷은 암컷보다 두드러지게 작고 이빨이 없으며 엄밀히 말하면 사실상 헤엄쳐 다니는 음낭에 불과하다. 수컷 태평양 흑룡어에게는 단 하나, 짧지만 중요한 임무가 있다. 바로 번식이다.

다. 그 효과가 엄청나서 이 검정을 칠한 물체는 공간성을 잃어 평평한 2차원으로 보인다.

✳

우리가 바다에서 잠자고 있는 매혹적인 비밀을 계속 밝혀내려면 바다는 물론이고 바다에 사는 생물들을 계속 지켜 내야 한다. 나는 이 책에서 바다와 바다에 사는 동식물을 위협하는 위험을 몇 가지 언급했다. 오염, 남획, 소음 공해, 심해 채굴 등이다. 하지만 이 밖에도 위험 요소는 셀 수 없을 정도로 많다. 지구온난화와 이에 따른 해수면의 온도 상승, 특히 대기 중의 이산화탄소가 증가하면서 진행되는 해수 산성화는 심각한 위협이다. 이는 전적으로 인간 탓이다. 그러므로 조치를 취하고 해양생태계를 보호하는 것도 인간의 책임이다.

경제뿐 아니라 정치적으로도 바다의 미래는 점차 더 많이 주목받고 있다. 유엔은 바다 연구에 특별한 관심을 기울이고 있으며, 지속 가능한 개발을 위한 해양 연구에 10년(2021~2030년)을 온전히 바치고 있다. 캐나다, 호주, 멕시코, 나미비아, 팔라우, 노르웨이 등 14개국 정상은 오션 패널Ocean panel을 설립했다. 이들은 해양 행동 의제Ocean action agenda에서 2025년까지 자국의 해양자원을 100퍼센트 지속 가능한 것으로 바꾸겠다고 약속했다. 그들은 좋은 사례를 앞장서서 제시하며 다른 국가도 참여하도록 동기를 부여하고 싶어 한다. 마찬가지로 유럽연합도 스타피시 2030$^{Starfish\ 2030}$ 임무와 더불어 지구의 해양 또는 최소한 유럽의 바다를 보호하기 위해 야심찬 목표 17개를 설정했다. 이 남획 근절하기, 플라스틱 폐기물 생산 0퍼센트 달성하기, 유럽 바다의 30퍼센트를 부분적 또는 완전히 보호하기, 수중 소음 대폭 줄이기 등이 포함되었다. 과연 10년 안에 가능할까? 어떻게 될지는 지켜볼 일이다. 이는 분명 올바른 방향으로 가기 위한 의미 깊은 발걸음이다. 그렇지만 글로벌 차원의 협정과 보호 프로그램이 필요하다. 바다는 대부분 개별 국가의 것이 아니라 세계의 공동소유이기 때문이다. 2016년 세계 자연 보전 연맹^{IUCN}은 2030년까지 생물 다양성과 광범위한 서식지를 보존하기 위해 전 세계 바다의 30퍼센트를 보호해야 한다고 선언했다. 현재는 전체 해면 중 약 2퍼센트만 완전히 보호받는 것으로 간주한다.

그러므로 우리에게는 아직 할 일이 상당히 많다. 여러 사람 덕분에 상황이 이 정도까지 진척되고 이러한 주제가 논의되었다. 특히 수십 년 동안 몸과 마음, 시간과 돈을 쏟아부으며 해양을 보호하기 위해 열정을 아끼지 않은 과학자, 활동가, 바다 애호가의 공이 크다. 이 경이로운 사람들은 해양을 보호하기 위해 다양한 접근 방식을 취하고, 때로는 창의적이고 혁신적인 행보를 보였다.

이에 해당하는 훌륭한 사례로 불법 어업의 진상 규명에 몰두한 어느 과학자 집단을 꼽을 수 있다. 어업과 관련한 문제는 배를 감시하는 비용이 많이 든다는 점이다. 어업 현장이 육지에서 아주 멀리 떨어진 바다에 있을 때 특히 그렇다. 선박 자동 식별 장치AIS를 배에 장착하도록 규정되어 있기는 하다. 이는 충돌을 피하기 위해 배의 신원, 속도, 현 위치, 진로를 지속적으로 전송하는 위치 측정 장치다. 이 장치로 선박이 해양 보호 구역에 머물고 있는지도 감시할 수 있다. 하지만 장치를 끄면 배는 사실상 감시가 불가능하다. 장치를 끈 배를 찾으려면 직접 바다로 나가 배가 있는 장소로 가야 한다. 앨버트로스를 활용하지 않는 한 말이다.

앨버트로스는 날개폭이 3미터나 되는 거대한 바닷새로, 1977년 디즈니 애니메이션 〈생쥐 구조대〉가 개봉하면서 유명해졌다. 이 애니메이션에서 앨버트로스는 이륙하는 데 애를 먹고 착륙할 때도 사고를 치기 일쑤인 새로 묘사되어 강한 인상을 남겼다. 그런데 이러한 모습은 디즈니가 그저 재미를 위해 꾸며낸 것이 아니라 사실 그대로다. 이 새가 펼치는 슬랩스틱

코미디는 자연에서도 관찰할 수 있다. 정말 굉장한 광경이다. 앨버트로스는 공중에서 훨씬 우아한 모습을 보여 준다. 무엇보다 날 때 지구력이 엄청나다. 때때로 먹이를 찾아 수백에서 수천 킬로미터를 날아간다. 게다가 30킬로미터나 떨어진 곳에 있는 어선을 알아차리고 일부러 그 배로 날아가는 경우도 많다. 물고기를 한 입 얻어먹기 위해서다. 그래서 앨버트로스는 보이지 않는 어선의 정체를 드러내는 완벽한 스파이다.

2018년 과학자들은 앨버트로스 169마리에게 조그마한 측정기를 달았다. 이 측정기는 배가 항해를 계속하고 충돌을 피하는 데 꼭 필요한 레이더를 감지하고, 이렇게 모은 데이터를 위성을 통해 거의 실시간으로 보낼 수 있다. 선박 자동 식별 장치가 설치된 배가 데이터에 표시되지 않는다면 이유는 분명하다. 시스템을 의도적으로 끈 것이다. 과학자들은 이 동물 스파이 덕분에 6개월 동안 남인도양을 오가는 선박 중 4분의 1 이상이 영해에서 선박 자동 식별 장치를 끈 사실을 발견했다. 심지어 국제 수역, 즉 공해에서 더 멀리 떨어진 외곽에서는 선박의 3분의 1 이상이 장치를 끈 것으로 의심되어 조사를 받았다. 이것이 모든 선박이 빠짐없이 불법 어업을 저질렀다는 의미는 당연히 아니지만 가능성은 충분히 있다. 미래에는 레이더 탐지기를 거북이나 상어 같은 동물에게도 장착할 수 있을 것이다. 그렇게 되면 일종의 '지느러미 순찰대'가 비늘 달린 친구들과 함께 활동을 시작해 불법 어업을 근절할 수 있을 것이다.

탐지기, 정확히 말하면 GPS 송신기는 이미 코스타리카에서 밀렵꾼의 이동 경로를 추적하는 데 도움을 주고 있다. 중앙아메리카에서는 바다거북의 알을 진미로 여겨, 금지되었음에도 불법적으로 거래하고 있다. 바다거북의 알을 먹으면 정력 증진에 효과가 있다는 미신까지 겹쳐 상황은 더욱 나빠졌다.

과학자들은 바다거북의 알이 유통되는 경로를 추적하기 위해 인베스트에그에이터investEGGator를 개발했다. 과학자들은 말장난을 아주 좋아한다. 그래서 인베스트에그에이터도 자기들끼리는 '3D 프린터 인쇄 알'이라고 부른다. 이 가짜 거북알은 시각적으로나 촉각적으로 진짜 알과 구분할 수 없을 정도로 닮았다. 내부에는 특수 충전물과 GPS 송신기가 들어 있다. 어느 날 한 밀렵꾼이 거북이의 둥지 근처에 숨어 있다가 막 낳은 알을 훔쳤다. 그가 훔친 것 중에는 인베스트에그에이터도 있었다. 이런 식으로 여러 유통 경로를 추적했고 부분적으로는 코스타리카의 최종 소비자까지 파악할 수 있었다. 인베스트에그에이터를 활용하는 목적은 밀렵꾼 개개인의 유죄를 증명하려는 것이 아니다. 바다거북 알의 유통 경로와 활발히 매매되는 곳을 파악해 불법 야생동물 거래 시장에서 대어를 낚기 위한 것이다.

하지만 때로는 아주 간단한 방법으로도 많은 것을 얻을 수 있다. 2016년 어떤 사람이 인도 뭄바이 베르소바 해변에서 청소를 시작했는데, 이후 해변의 정화 작업이 세계 최대 규모로 확대되었다. 시간이 지나면서 이 사람과 합류한 수백 명의 자원봉사자는 약 2년에 걸쳐 해변의 쓰레기 수천 톤을 치웠다. 그런데 이런 엄청난 노력은 그럴 만한 가치가 있었다. 베르소바 해변에서 수십 년 전에 사라져 버린 바다거북이 알을 낳으러 다시 돌아온 것이다. 사람들은 깨끗한 해변의 진정한 가치를 깨달았다.

과학적인 배경, 창의성, 돈이 없더라도 어디에 사는 누구든 바다를 보호할 수 있다. 굳이 온 세상을 뒤흔들 필요는 없다. 지속 가능한 방식으로 물고기를 소비하고, 플라스틱을 덜 사용하고, 자동차를 더 자주 주차장에 놔두고, 때때로 해변이나 호숫가에서 다른 사람이 버린 쓰레기를 가져오기만 해도 이미 올바른 방향으로 발걸음을 내딛는 것이다.

해양 연구의 현황과 결실을 충분히 접할 기회가 없다면, 요즘에는 완전히 다른 가능성도 열려 있다. 최근에는 문외한도 해양 탐험을 아주 가까이에서 경험할 수 있기 때문이다. 잠수 로봇이 찍은 HD·4K 동영상 촬영 덕분에 이제 우리는 아주 생생하고 숨 막힐 듯한 심해의 광경을 접할 수 있다. 게다가 과학자들이 어두운 심해를 탐험할 때 온라인을 통해 실시간으로 함께 참여할 수 있다. 또한 탐험에 임하는 연구자들이 잠수 과정을 찍은 동영상을 인터넷에 올리는 경우도 많아지고 있다. 이들은 동영상에 대한 설명과 논평도 직접 게재해, 작업에 대한 자신의 통찰을 일반인에게 제공한다.

이것으로 충분하지 않다면 인터넷에서 시민 과학 프로젝트Citizen science project에 관해 자세히 알아볼 수 있다. 과학계는 이런 프로젝트를 적극적으로 지원하고 있다. 데이터를 직접 수집하거나 심지어 과학 연구의 일원이 될 기회를 제공하는 프로젝트가 아주 많다. 예를 들어 해변의 플라스틱 오염 상태를 보고하는 작업을 돕거나 산호초 현황 조사에 참여한다. 물에 빠지고 싶지 않다면 아늑한 소파에 앉아 전 세계에서 모은 물 샘플로부터 플랑크톤 종을 식별하는 작업을 할 수도 있다. 아직 알려지지 않은 바다의 세계에 또 무엇이 존재하는지 누가 알겠는가? 앞으로 대발견이 이루어질 때, 독자 여러분도 실시간으로 참여하고 있을지 모를 일이다.

1 수수께끼로 가득 찬 바다

Seabed 2013: https://seabed2030.gebco.net/

Mayer L., Jakobsson M., Allen G., Dorschel B., Falconer R., Ferrini V., Lamarche G., Snaith H., Weatherall P., The Nippon Foundation—GEBCO Seabed 2030 Project: The Quest to See the World's Oceans Completely Mapped by 2030. Geosciences 2018, 8, 63, https://seabed2030.gebco.net/news/gebco_2020_release.html

Zahng Sarah, The Search for MH370 Revealed Secrets of the Deep Ocean A remote part of the Indian Ocean has become, by chance, one of the best-mapped parts of the underwater world, 2017 https://www.theatlantic.com/science/archive/2017/03/mh370-search-ocean/518946/

Stommel Herny, Lost Islands: The Story of Islands That Have Vanished from Nautical Dover Publications Inc., United States 2017

PHANTOM ISLANDS – A SONIC ATLAS http://andrewpekler. com/phantom-islands/

https://www.spiegel.de/wissenschaft/natur/geografieposse -nicht-insel-empoert-mexikaner-a-632387.html

Watanabe Y. Y., Papastamatiou Y. P., Distribution, body size and biology of the megamouth shark Megachasma pelagios, 2019, J Fish Biol., 95: 992–998, https://doi.org/10.1111/jfb.14007

Schrope Mark, Giant squid filmed in its natural environment

Landmark achievement reveals clues to mollusc's behaviour, 2013 NATURE | NEWS

https://www.nature.com/news/giant-squid-filmed-in-its-natural -environment-1.12202

Katz Brigit, Watch First Footage of Giant Squid Filmed in American Waters The deep-sea footage also marks a rare sighting of a giant squid in its natural habitat, SMITHSONIANMAG. COM, 2019, https://www.smithsonianmag.com/smart-news/ first-time-giant-squid-was-filmedamerican-waters-180972479

Costello M. J., Coll M., Danovaro R., Halpin P., Ojaveer H., et al. 2010 A Census of Marine Biodiversity Knowledge, Resources, and Future Challenges. PLOS ONE 5(8): e12110, https://doi. org/10.1371/journal.pone.0012110

Appeltans W., Ahyong S. T., Anderson G., Angel M. V., Artois T., Bailly N., et al., The Magnitude of Global Marine Species Diversity, 2012, Current Biology, Volume 22, Issue 23, Pages 2189-2202, https://doi.org/10.1016/j.cub.2012.09.036.

Census of marine Life: http://www.coml.org/about-census/

Evans Ian, ›Like a spiral UFO‹ world's longest animal discovered in Australian waters, The Guardian, 2020, https://www.theguardian.com/environment/2020/apr/15/like-a-spiral -ufo-worlds-longest-animaldiscovered-in-australian-waters

2 상어가 빛날 때

Remington S. J., Green fluorescent protein: a perspective, 2011, Protein science : a publication of the Protein Society, 20(9), 1509–1519, https://doi.org/10.1002/pro.684

Wongsrikeao, P., Saenz, D., Rinkoski, T., Otoi, T., & Poeschla, E., 2011, Antiviral restriction factor transgenesis in the domestic cat. Nature methods, 8(10), 853–859. https://doi.org/10.1038/nmeth.1703

Matz, M., Fradkov, A., Labas, Y. et al., Fluorescent proteins from nonbioluminescent Anthozoa species, 1999, Nat Biotechnol 17, 969–973, https://doi.org/10.1038/13657

Gittins J. R., D'Angelo C., Oswald F., Edwards R. J., Wiedenmann J., Fluorescent protein-mediated colour polymorphism in reef corals: multicopy genes extend the adaptation/acclimatization potential to variable light environments, 2015, Mol Ecol., 24(2):453-465, doi:10.1111/mec.13041

Eyal G., Wiedenmann J., Grinblat M., D'Angelo C., Kramarsky-WinterE., et al., Spectral Diversity and Regulation of Coral Fluorescence in a Mesophotic Reef Habitat in the

Red Sea, 2015, PLOS ONE 10(6): e0128697, https://doi.org/10.1371/journal.pone.0128697

Smith E. G., D'Angelo C., Sharon Y., Tchernov D. and Wiedenmann J., Acclimatization of symbiotic corals to mesophotic light environments through wavelength transformation by fluorescent protein pigments, 2017, Proc. R. Soc. B.28420170320 http://doi.org/10.1098/rspb.2017.0320

Sparks J. S., Schelly R. C., Smith W. L., Davis M. P., Tchernov D., Pieribone V. A., et al., The Covert World of Fish Biofluorescence: A Phylogenetically Widespread and Phenotypically Variable Phenomenon, 2014, PLOS ONE., 9(1): e83259.

Haddock S. H. D., Dunn C. W., Fluorescent proteins function as a prey attractant: experimental evidence from the hydromedusa Olindias formosus and other marine organisms, 2015, Biology Open 4: 1094-1104; doi: 10.1242/bio.012138 https://bio.biologists.org/content/4/9/1094

Gruber, D., Loew, E., Deheyn, D. et al. Biofluorescence in Catsharks (Scyliorhinidae): Fundamental Description and Relevance for Elasmobranch, 2016, Visual Ecology. Sci Rep 6, 24751, https://doi.org/10.1038/srep24751

Park H. B., Lam Y. C., Gaffney J. P., Weaver J. C., Krivoshik S. R., Hamchand R. et al., Bright Green Biofluorescence in Sharks Derives from Bromo-Kynurenine Metabolism, 2019, iScience, Volume 19, Pages 1291-1336, ISSN 2589-0042, https://doi.org/10.1016/j.isci.2019.07.019

Gruber D, Sparks J. First Observation of Fluorescence in Marine Turtles. 2015 Am Mus Novit. ;3845: 1–8. https://doi.org/10.1206/3845.1.

Linda Markovina, Fluorescent diving: Seeing the ocean in a new light, 2017

https://www.aquarium.co.za/blog/entry/fluorescent-divingseeing-the-ocean-in-a-new-light (Stand 29.08.2020)

Mike Markovina, persönliche Kommunikation

Compagno, L. J. V.; Dando, M.; Fowler, S. L. Sharks of the World; Princeton field guides; Princeton University Press: Princeton, 2005.

Tian L, Yin Y, Jin H, Bing W, Jin E, Zhao J, et al., Novel marine antifouling coatings inspired by corals, 2020, Mater Today Chem., 17:100294.

Macel, M., Ristoratore, F., Locascio, A. et al., Sea as a color palette: the ecology and evolution of fluorescence, 2020, Zoological Lett 6, 9, https://doi.org/10.1186/s40851-020-00161-9

Mazel C., Method for Determining the Contribution of Fluorescence to an Optical Signature, with Implications for Postulating a Visual Function, 2017, Front. Mar. Sci. 4:266. doi: 10.3389/fmars.2017.00266

3 대단히 오래된 피조물

Grimm David, »The Mushroom Cloud's Silver Lining«, 2008, Science. 321 (5895): 1434–1437.

Bonani G., Ivy S., Hajdas I., Niklaus T., Suter M., Ams 14C Age Determinations of Tissue, Bone and Grass Samples from the Ötztal Ice Man, 1994, Radiocarbon, 36(2), 247–250. doi:10.1017/S0033822200040534

Harry A. V., Evidence for systemic age underestimation in shark and ray ageing studies, 2018 Fish Fish., 19: 185–200, https://doi.org/10.1111/faf.12243

Hamady L. L., Natanson L. J., Skomal G. B., Thorrold S. R., Vertebral Bomb Radiocarbon Suggests Extreme Longevity in White Sharks., 2014, PLOS ONE 9(1): e84006. https://doi.org/10.1371/journal.pone.0084006

MSC:Is orange roughy sustainable?
https://www.msc.org/en-au/what-you-can-do/eatsustainable-seafood/fish-to-eat-seafood-guide-australianew-zealand/is-orange-roughy-sustainable (Stand 1.10.2020)

Orange roughy–a ›ustainable‹fish certification too far. Greenpeace Blog 2016 https://storage.googleapis.com/gpuk-archive/blog/oceans/orange-roughy-%E2%80%93-%E2%80%98sustainable%E2%80%99-fish-certificationtoo-far-20160621.html (Stand 1.10.2020)

WWF disappointed about certification of New Zealand orange roughy, WWF 2016, fishery https://wwf.panda.org/wwf_news/press_releases/?287431/WWFdisappointed-about-certification-of-New-Zealandorange-roughy-fishery (Stand 1.10.2020)

Nielsen J., Hedeholm R. B., Heinemeier J., Bushnell P. G., Christiansen J. S., Olsen J., et al., Eye lens radiocarbon reveals centuries of longevity in the Greenland shark(Somniosus microcephalus). 2016 Science, 353(6300): 702–4.

MacNeil M. A., McMeans B. C., Hussey N. E., Vecsei P., Svavarsson J., et al., Biology of the Greenland shark Somniosus microcephalus., 2012, Journal of Fish Biology, 80:991-1018. doi:10.1111/j.1095-8649.2012.03257.x

Edwards J. E., Hiltz E., Broell F., Bushnell P. G., Campana S. E., Christiansen J. S., et al., Advancing Research for the Management of Long-Lived Species: A Case Study on the Greenland Shark, 2019, Front. Mar. Sci. 6:87. doi: 10.3389/fmars.2019.00087

Butler P. G., Wanamaker A. D., Scourse J. D., Richardson C. A., Reynolds D. J., Variability of marine climate on the North Icelandic Shelf in a 1357-year proxy archive based on growth increments in the bivalve Arctica islandica, 2013, Palaeogeography, Palaeoclimatology, Palaeoecology, Volume 373, Pages 141-151, ISSN 0031-0182, https://doi.org/10.1016/j.palaeo.2012.01.016.

Wang, X., H. Schroder and W. Muller. »Giant siliceous spicules from the deep-sea glass sponge Monorhaphis chuni.« International review of cell and molecular biology 273 (2009): 69-115.

Jochum K. P., Wang X., Vennemann T.W., Sinha B., Muller W. E. G.,

Siliceous deep-sea sponge Monorhaphis chuni: A potential paleoclimate archive in ancient animals, 2012 Chem Geol., 300–301:143–51, https://doi.org/10.1016/j.chemgeo.2012.01.009

Jochum K. P., Schuessler J. A., Wang X.-H., Stoll B., Weis U., Muller W. E. G., et al., Whole-ocean changes in silica and Ge/Si ratios during the last deglacial deduced from long-lived giant glass sponges., 2017, Geophysical Research Letters, 44, 11, 555–1, 564. https://doi.org/10.1002/2017GL073897

Podbregar Nadja, Tiefe Biosphäre: Rätselhafte Lebenswelt im »Keller der Erde«, Juni 2020, scinexx das wissensmagazin, https://www.scinexx.de/dossier/tiefebiosphaere-2/

Morono, Y., Ito, M., Hoshino, T. et al. Aerobic microbial life persists in oxic marine sediment as old as 101.5 million years, 2020, Nat Commun 11, 3626, https://doi.org/10.1038/s41467-020-17330-1

Matsumoto Y., Piraino S., Miglietta M. P., Transcriptome Characterization of Reverse Development in Turritopsis dohrnii (Hydrozoa, Cnidaria), 2019, G3 (Bethesda, Md.), 9(12), 4127–138. https://doi.org/10.1534/g3.119.400487

Guest P. C., Of Mice, Whales, Jellyfish and Men: In Pursuit of Increased Longevity. Advances in experimental medicine and biology, 2019, 1178, 1–24. https://doi.org/10.1007/978-3-030-25650-0_1

Petralia, R. S., Mattson, M. P., & Yao, P. J. Aging and longevity in the simplest animals and the quest for immortality, 2014,

Ageing research reviews, 16, 66–82. https://doi.org/10.1016/j.arr.2014.05.003

West Michael D., Chapter 16 –Regenerative Medicine and Ageing: Is Senescence Reprogrammable?, Editor(s): Vertes A. A., Smith D. M., Qureshi N., Dowden N. J., Second Generation Cell and Gene-based Therapies, 2020, Academic Press, Pages 449-460, ISBN 9780128120347, https://doi.org/10.1016/B978-0-12-812034-7.00016-9.

4 돌고래의 언어

Plinius der Ältere, Naturalis Historia, Buch 8 und 9(um 77 n. Chr.)

Benjamin Franklin, Journal of a voyage from England to Philadelphia 1726

Journal of Occurences in My Voyage to Philadelphia on board the Berkshire, Henry Clark, Master. From London Sept 2. 1726 http://www.let.rug.nl/usa/documents/1701-1750/benjamin-franklin-journal-of-a-voyage-fromengland-to-philadelphia-1726.php

Riley Christopher, The Girl who talked to Dolphins, 2014, BBC Dokumentation

Wade N., Does man alone have language? Apes reply in riddles, and a horse says neigh. 1980, Science, 208(4450):1349-1351. doi:10.1126/science.7375943

Pena-Guzman, David M., Can nonhuman animals commit suicide?, 2017, Animal Sentience 20(1) https://www.wellbeingintlstudiesrepository.org/cgi/viewcontent.cgi?article=1201&context=animsent

Pepperberg I. M., Animal language studies: What happened?, 2017, Psychon Bull Rev., 24(1):181-185. doi:10.3758/s13423-016-1101-y

Thewissen J. G. M., Cooper L. N., George J. C. et al. From Land to Water: the Origin of Whales, Dolphins, and Porpoises, 2009, Evo Edu Outreach 2, 272–288, https://doi.org/10.1007/s12052-009-0135-2

Fox K. C. R., Muthukrishna M. & Shultz, S. The social and cultural roots of whale and dolphin brains, 2017, Nat Ecol Evol 1, 1699–1705, https://doi.org/10.1038/s41559-017-0336-y

Bizzozzero M. R., Allen S. J., Gerber L., Wild S., King S. L., Connor R. C., Friedman W. R., Wittwer S. and Krutzen M., Tool use and social homophily among male bottlenose dolphins, 2019, Proc. R. Soc. B.28620190898 http://doi.org/10.1098/rspb.2019.0898

Bizzozzero M. R., Allen S. J., Gerber L., Wild S., King S. L., Connor R. C., Friedman W. R., Wittwer S. and Krutzen M., Tool use and social homophily among male bottlenose dolphins, 2019, Proc. R. Soc. B.28620190898 http://doi.org/10.1098/rspb.2019.0898

Reiss, D., & Marino, L. Mirror self-recognition in the bottle-nose dolphin: a case of cognitive convergence, 2001, Proceedings of the National Academy of Sciences of the United States of America, 98(10), 5937–5942. https://doi.org/10.1073/pnas.101086398

Morrison R., Reiss D., Precocious development of selfawareness in dolphins, 2018, PLOS ONE 13(1): e0189813. https://doi.org/10.1371/journal.pone.0189813

Mann J., Sargeant B. L., Watson-Capps J. J., Gibson Q. A., Heithaus M. R., et al., Why Do Dolphins Carry Sponges?, 2008, PLOS ONE 3(12): e3868. https://doi.org/10.1371/journal.pone.0003868

Dolphins Getting High on Fish Toxin? Or Just a Load of Puff? 2014 NBC Science News

https://www.nbcnews.com/science/science-news/dolphinsgetting-high-fish-toxin-or-just-load-puff-n3691 (Stand 2.9.2020)

Brittany Jones, Maria Zapetis, Mystera M. Samuelson & Sam Ridgway (2020) Sounds produced by bottlenose dolphins (Tursiops): a review of the definingcharacteristics and acoustic criteria of the dolphin vocal repertoire, Bioacoustics, 29:4, 399-440, DOI:10.1080/09524622.2019.1613265

Killebrew, D. A., Mercado III, E., Herman, L. M. & Pack, A. A., Sound production of a neonate bottlenose dolphin, 2001, Aquatic Mammals, 27, 34-44.

Behrmann Gunther, Anatomie des Zahnwalkopfes 1 (Anatomy of the Toothed Whale Head 1), 2000, 4. Auflage,Bremerhaven, unpublished 168 pp hdl:10013/epic.34156.d001, https://epic.awi.de/id/eprint/21901/1/Beh2000c.pdf

Behrmann Gunther, Anatomie des Zahnwalkopfes 2 (Anatomyof the Toothed Whale Head 2), 2000, 4. Auflage,Bremerhaven, unpublished 147 pp hdl:10013/epic.34157.d001, https://epic.awi.de/21902/1/Beh2000d.pdf

Berta A., Ekdale E. G., Cranford T. W. Review of the cetaceannose: form, function, and evolution, 2014, Anat Rec(Hoboken), 297(11):2205-2215. doi:10.1002/ar.23034

Pack, Adam, Language Research: Dolphins. In book:Encyclopedia of Animal Cognition and Behavior, 2018,Springer, Cham, NY. https://doi.org/10.1007/978-3-319-47829-6.

Kassewitz J., Hyson M. T., Reid J. S., Barrera R. L., A Phenomenon Discovered While Imaging Dolphin Echolocation Sounds, 2016, J Marine Sci Res Dev 6:202. doi:10.4172/2155-9910.1000202

Sayigh L. S., Wells R. S., Janik, V. M. What's in a voice? Dolphins do not use voice cues for individual recognition, 2017, Animal cognition, 20(6), 1067–1079. https://doi.org/10.1007/s10071-017-1123-5

Bruck J. N., Decades-long social memory in bottlenose dolphins, 2013, Proc. R. Soc. B.28020131726 https://doi.org/10.1098/rspb.2013.1726

Herzing D. L., Acoustics and Social Behavior of Wild Dolphins:Implications for a Sound Society. In: Au W. W. L.,Fay R. R., Popper A. N. (eds) Hearing by Whales and Dolphins, 2000, Springer Handbook of Auditory Research,vol 12. Springer,

New York, NY. https://doi.org/10.1007/978-1-4612-1150-1_5

Wild Dolphin Project: http://www.wilddolphinproject.org/our-research/chat-research/ (Stand 12.9.2020)

Kohlsdorf D., Herzing D. L., Starner T., An Auto Encoder For Audio Dolphin Communication, 2020, ArXiv abs/2005.07623 https://arxiv.org/pdf/2005.07623.pdf

Marino L., Large Brains in Small Tanks: Intelligence and Social Complexity as an Ethical Issue for Captive Dolphins and Whales, In: Johnson L., Fenton A., Shriver A.(eds) Neuroethics and Nonhuman Animals, 2020,Advances in Neuroethics. Springer, Cham. https://doi.org/10.1007/978-3-030-31011-0_10

5 플라스틱 행성

Moore Charles, Trashed – Across the pacific ocean, plastics,plastics, everywhere, 2003, Natural history. 112. 46–51.

Lebreton L., Slat B., Ferrari F. et al., Evidence that the Great Pacific Garbage Patch is rapidly accumulating plastic, 2018, Sci Rep 8, 4666, https://doi.org/10.1038/s41598-018-22939-w

Eriksen M., Lebreton L. C. M., Carson H. S., Thiel M., Moore C. J., Borerro J. C., et al., Plastic Pollution in the World's Oceans: More than 5 Trillion Plastic Pieces Weighing over 250,000 Tons Afloat at Sea, 2014, PLOS ONE 9, e111913, https://doi.org/10.1371/journal.pone.0111913

Jambeck, J. R., Geyer, R., Wilcox, C., Siegler, T. R., Perryman, M., Andrady, A., Narayan, R., Law, K. L., Plastic wasteinputs from land into the ocean, 2015, Science 347, 768–771, https://doi.org/10.1126/science.1260352

Geyer, R., Jambeck, J. R., Law, K. L., Production, use, and fate of all plastics ever made, 2017, Sci. Adv. 3, e1700782, https://doi.org/10.1126/sciadv.1700782

Walpole S. C., Prieto-Merino D., Edwards P. et al. The weight of nations: an estimation of adult human biomass, 2012, BMC Public Health 12, 439, https://doi.org/10.1186/1471-2458-12-439

Thompson R. C., Olsen Y., Mitchell R. P., Davis A., Rowland S. J., John A. W. G., McGonigle D., Russell A. E., Lost atSea: Where Is All the Plastic?, 2004, Science 304, 838–838, https://doi.org/10.1126/science.1094559

Cozar A., Sanz-Martin M., Marti E., Gonzalez-Gordillo J. I.,Ubeda B., et al., Plastic Accumulation in the Mediterranean Sea, 2015, PLOS ONE 10(4): e0121762, https://doi.org/10.1371/journal.pone.0121762

Mariana Trench: Deepest-ever sub dive finds plastic bag, 2019, BBC News.

https://www.bbc.com/news/science-environment-48230157 (Stand 31.10.2020)

Bergmann M., Klages M, Increase of litter at the Arcticdeep-sea observatory HAUSGARTEN, 2012, Mar. Pollut.Bull. 64, 2734–

2741, https://doi.org/10.1016/j.marpolbul.2012.09.018

Mordecai G., Tyler P. A., Masson D. G., Huvenne V. A. I., Litterin submarine canyons off the west coast of Portugal, 2011, Deep Sea Res. Part II Top. Stud. Oceanogr., TheGeology, Geochemistry, and Biology of Submarine Canyons West of Portugal 58, 2489–496, https://doi.org/10.1016/j.dsr2.2011.08.009

Krause S., Molari M. Gorb, E. V. et al., Persistence of plasticdebris and its colonization by bacterial communitiesafter two decades on the abyssal seafloor, 2020, Sci Rep10, 9484, https://doi.org/10.1038/s41598-020-66361-7

Egger M., Sulu-Gambari F. & Lebreton L. First evidence of plastic fall out from the North Pacific Garbage Patch, 2020 Sci Rep 10, 7495, https://doi.org/10.1038/s41598-020-64465-8

Lavers J. L., Bond A. L., Exceptional and rapid accumulation of anthropogenic debris on one of the world's mostremote and pristine islands, 2017, Proc. Natl. Acad. Sci.114, 6052–6055, https://doi.org/10.1073/pnas.1619818114

Peeken I., Primpke S., Beyer B. et al. Arctic sea ice is animportant temporal sink and means of transport formicroplastic, 2018, Nat Commun 9, 1505, https://doi.org/10.1038/s41467-018-03825-5

Kelly A., Lannuzel D., Rodemann T., Meiners K. M., AumanH .J., Microplastic contamination in east Antarctic seaice, 2020 Mar. Pollut. Bull. 154, 111130, https://doi.org/10.1016/j.marpolbul.2020.111130

Duncan E. M., Arrowsmith J. A., Bain C. E. et al., Diet-relatedselectivity of icroplastic ingestion in green turtles (Cheloniamydas) in the eastern Mediterranean, 2019 Sci Rep 9, 11581, https://doi.org/10.1038/s41598-019-48086-4

Van Franeker J. A. & Kuhn S., Fulmar Litter EcoQO monitoring in the Netherlands – Update 2019., 2020,Wageningen Marine Research Report C074/20 & RWSCentrale Informatievoorziening BM 20.16, https://doi.org/10.18174/529399

Gigault J., et al., Current opinion: What is a nanoplastic?, 2020, Environmental Pollution, https://doi.org/10.1016/j.envpol.2018.01.024

Lehner R., Weder C., Petri-Fink A., Rothen-Rutishauser B.,Emergence of Nanoplastic in the Environment and Possible Impact on Human Health, 2019, Environ. Sci. Technol.53, 1748–1765, https://doi.org/10.1021/acs.est.8b05512

Wagner S., Reemtsma T., Things we know and don't know about nanoplastic in the environment., 2019, Nat.Nanotechnol. 14, 300–301, https://doi.org/10.1038/s41565-019-0424-z

Warner K., Linske E., Mustain P., Valliant M., Leavitt C.,Choked, Strangled, Drowned: The Plastics Crisis Unfolding In Our Oceans, 2020, Oceana Report, https://usa.oceana.org/pressreleases/oceana-finds-plasticentangling-choking-1800-marine-animals-us-waters

De-la-Torre Gabriel Enrique, Microplastics: an emergingthreat to food security and human health, 2020, J FoodSci Technol 57,

1601–1608, https://doi.org/10.1007/s13197-019-04138-1

Bundesministerium fur Ernahrung und Landwirtschaft: https://www.bmel.de/DE/themen/verbraucherschutz/lebensmittel-sicherheit/lebensmittelverpackungen/bisphenol-a-vorsor-glich-verboten.html#:~:text=Das%20Inverkehrbringen%20von%20S%C3%A4uglingstrinkflaschen%20aus,Deutsch-land%20und%20EU%20%2Dweit%20verboten. (Stand 4.11.2020)

Kaandorp M. L. A., Dijkstra H. A., van Sebille E., Closing the Mediterranean Marine Floating Plastic Mass Budget: Inverse Modeling of Sources and Sinks, 2020, Environ.Sci. Technol. 54, 11980–11989, https://doi.org/10.1021/acs.est.0c01984

Pabortsava K., Lampitt R. S., High concentrations of plastic hidden beneath the surface of the Atlantic Ocean, 2020, Nat Commun 11, 4073, https://doi.org/10.1038/s41467-020-17932-9

Barrett J., Chase Z., Zhang J., Banaszak Holl M. M., Willis K.,et al., Microplastic Pollution in Deep-Sea Sediments From the Great Australian Bight, 2020, Frontiers in Marine Science, 7, 808, https://www.frontiersin.org/article/10.3389/fmars.2020.576170

Welden Natalie A., Chapter 8 –The environmental impact of plastic pollution, in: Letcher, 2020, T. M. (Ed.), Plastic Waste and Recycling. Academic Press, pp. 195–222, https://doi.org/10.1016/B978-0-12-817880-5.00008-6

Burns E. E., Boxall A. B. A., Microplastics in the aquaticenvironment: Evidence for or against adverse impactsand major knowledge gaps, 2018, Environ. Toxicol. Chem. 37, 2776–2796. https://doi.org/10.1002/etc.4268

Law K. L., Starr N., Siegler T. R., Jambeck J. R., Mallos N. J.,Leonard G. H., The United States' contribution of plastic waste to land and ocean, 2020 Sci. Adv. 6, eabd0288. https://doi.org/10.1126/sciadv.abd0288

Scaffaro R., Maio, A., Sutera F., Gulino E. F., Morreale M.,Degradation and Recycling of Films Based on Biodegradable Polymers: A Short Review. 2019 Polymers, 11, 651, https://doi.org/10.3390/polym11040651

Plastics B. A. N. List 2.0 – November 2017, 5 Gyres, Algalita, Californians Against Waste, Clean Production Action, Plastic Pollution Coalition, Responsible Purchasing Network, Story of Stuff, Surfrider Foundation and UPSTREAM, https://static1.squarespace.com/static/5522e85be4b0b65a7c78ac96/t/5acbd346562fa79982b268fc/1523307375028/5Gyres_BANlist2.pdf

Hohn S., Acevedo-Trejos E., Abrams J. F., Fulgencio de MouraJ., Spranz R., Merico A., The long-term legacy of plastic mass production, 2020, Sci. Total Environ. 746, 141115, https://doi.org/10.1016/j.scitotenv.2020.141115

Lebreton L., Egger M., Slat B., A global mass budget for positively buoyant macroplastic debris in the ocean, 2019, Sci Rep 9, 12922, https://doi.org/10.1038/s41598-019-49413-5

International Coastal Cleanup Report 2020: Together we are Team Ocean, 2020
https://oceanconservancy.org/wp-content/uploads/2020/09/2020-Report_-FINAL.pdf

Ragusa A., Svelato A., Santacroce C., Catalano P., Notarstefano V., et al., Plasticenta: First evidence of microplasticsin human placenta, 2021, Environment International,Volume 146, 106274, ISSN 0160-4120, https://doi.org/10.1016/j.envint.2020.106274.

6 카페의 상어

Cantor Joanne, Why Horror Doesn't Die: The Enduringand Paradoxical Effects of Frightening Entertainment, 2006, In J. Bryant & P. Vorderer (Eds.), Psychology of entertainment (p. 315–327). Lawrence Erlbaum Associates Publishers.

Cantor J., Omdahl B. L., Effects of fictional media depictions of realistic threats on children's emotional responses, expectations, worries, and liking for related activities, 1991, Communication Monographs, 58:4, 384-401, DOI:10.1080/03637759109376237

International Shark Attack File: https://www.floridamuseum.ufl.edu/shark-attacks/ (Stand 06.07.2020)

Hammerschlag N., Gallagher A. J., Lazarre D. M., A reviewof shark satellite tagging studies, 2011, Journal of Experimental Marine Biology and Ecology, Volume 398, Issues1–2,

Pages 1–8, ISSN 0022-0981, https://doi.org/10.1016/j.jembe.2010.12.012.

Jewell O. J., Wcisel M. A., Gennari E., Towner A. V., BesterM. N., Johnson R. L., Singh, S., Effects of Smart Position Only (SPOT) tag deployment on white sharks Carcharodon carcharias in South Africa, 2011, PloS one, 6(11),e27242, https://doi.org/10.1371/journal.pone.0027242

Boustany A., Davis S., Pyle P., et al., Expanded niche for-white sharks, 2002, Nature 415, 35–36, https://doi.org/10.1038/415035b

Live from the White Shark Cafe – Sharing expedition results Live übertragen am 15.05.2018 https://www.youtube.com/watch?v=C_HsAZrjDpg (Stand 06.06.2020)

Jorgensen S. J., Reeb C. A., Chapple T. K., Anderson S., Perle C., Van Sommeran S. R., et al., Philopatry and migration of Pacific white sharks, 2009, Proc. R. Soc. B.277679–688, http://doi.org/10.1098/rspb.2009.1155

Jorgensen S. J., Arnoldi N. S., Estess E. E., Chapple T. K., Ruckert M., et al., Eating or Meeting? Cluster Analysis Reveals Intricacies of White Shark (Carcharodon carcharias)Migration and Offshore Behavior, 2012, PLOS ONE7(10): e47819, https://doi.org/10.1371/journal.pone.0047819

De Maddalena A., Bansch H., Haie im Mittelmeer. Alle 49Arten, 2005, KOSMOS, ISBN: 3440104583

Study by Bloom: Beauty and the Beast — Shark in our Beauty

Creams, 2015, http://www.bloomassociation.org/en/wp-content/uploads/2018/04/squalane-bloomenglish-1.pdf (Stand 06.07.2020)

Vannuccini Stefania, Shark Utilization, Marketing and Trade, 1999, FAO FISHERIES TECHNICAL PAPER 389 Rome, ISBN 92-5-104361-2

Shiffman D. S., Bittick S. J., Cashion M. S., Colla S. R., Coristine L. E., Derrick D. H., et al., Inaccurate and Biased Global Media Coverage Underlies Public Misunderstanding of Shark Conservation Threats and Solutions, 2020, iScience, Volume 23, Issue 6, 101205, ISSN 2589-0042, https://doi.org/10.1016/j.isci.2020.101205.

SharkSmart: https://www.sharksmart.nsw.gov.au/technology-trials-and-research#tagging (Stand 06.07.2020)

Phillips B. T., Dunbabin M., Henning B., Howell C., DeCiccio A., Flinders A., et al., EXPLORING THE »SHARKCANO«:Biogeochemical Observations of the Kavachi SubmarineVolcano (Solomon Islands), 2016, Oceanography 29, no. 4(2016): 160-69. www.jstor.org/stable/24862291.

These Sharks Thrive Inside an Underwater Volcano, National Geographic https://www.nationalgeographic.com/news/2017/04/sharks-underwater-volcanosharkcano-kavachi/ (Stand 07.07.2020)

7 심해 구름

Buschmann C., Grumbach K., Chemosynthese, 1985, In: Physiologie der Photosynthese. Hochschultext. Springer, https://doi.org/10.1007/978-3-642-70255-6_8

Castro P., Huber M. E., Marine biology/original artwork by William C. Ober and Claire W. Garrison. 2008, 7th ed. Dubuque, IA: McGraw-Hill, New York: McGraw-Hill Higher Education

Dick, Gregory J., The microbiomes of deep-sea hydrothermal vents: distributed globally, shaped locally, 2019 Nat Rev Microbiol 17, 271–283, https://doi.org/10.1038/s41579-019-0160-2

Hinzke T., Kleiner M., Breusing C., Felbeck H., Hasler R., Sievert S. M., et al., Host-Microbe Interactions in the Chemosynthetic Riftia pachyptila Symbiosis, 2019, mBio, 10(6), e02243-19. https://doi.org/10.1128/mBio.02243-19

Phillips B. T., Beyond the vent: New perspectives on hydrothermalplumes and pelagic biology, Deep Sea Research Part II: Topical Studies in Oceanography, Volume 137, 2017, Pages 480-485, https://doi.org/10.1016/j.dsr2.2016.10.005.

Brennan T. Phillips, The Influence of Hydrothermal Plumeson Midwater Ecology, and a New Method to Assess Pelagic Biomass, 2016, University of Rhode IslandDigitalCommons@URI Open Access Dissertations, https://doi.org/10.23860/diss-phillips-brennan-2016

Burd B. J., Thomson R. E., The importance of hydrothermal venting to water-column secondary production in the northeast Pacific, 2015, Deep Sea Research Part II: TopicalStudies in Oceanography, Volume 121, Pages 85-94, https://doi.org/10.1016/j.dsr2.2015.04.014.

Dick G., Anantharaman K., Baker B., Li M., Reed D., Sheik C., The microbiology of deep-sea hydrothermal vent plumes: ecological and biogeographic linkages to seafloorand water column habitats, 2013, Frontiers in Microbiology, Volume 4, Pages 124, https://www.frontiersin.org/article/10.3389/fmicb.2013.00124,

Soule D., Wilcock W., Fin whale tracks recorded by aseismic network on the Juan de Fuca Ridge, NortheastPacific Ocean, 2013, The Journal of the Acoustical Society of America, 133, 1751-61, https://doi.org/10.1121/1.4774275

Ardyna M., Lacour L., Sergi S. et al., Hydrothermal vents trigger massive phytoplankton blooms in the Southern Ocean, 2019, Nat Commun 10, 2451, https://doi.org/10.1038/s41467-019-09973-6

Martin W., Baross J., Kelley D., et al., Hydrothermal vents and the origin of life, 2008, Nat Rev Microbiol 6, 805–814 https://doi.org/10.1038/nrmicro1991

Jordan S. F., Rammu H., Zheludev I. N., et al., Promotion of protocell self-assembly from mixed amphiphiles at the origin of life, 2019, Nat Ecol Evol 3, 1705–1714, https://doi.org/10.1038/s41559-019-1015-y

Van Dover Cindy Lee, Impacts of anthropogenic disturbances at deep-sea hydrothermal vent ecosystems: A review, 2014, Marine Environmental Research, Volume 102,Pages 59-72, ISSN 0141-1136, https://doi.org/10.1016/j.maren-vres.2014.03.008.

Turner P. J., Thaler A. D., Freitag A., Collins P. C., Deep-seahydro-thermal vent ecosystem principles: Identification of ecosystem processes, services and communication of value, 2019, Marine Policy, Volume 101, Pages 118–124, ISSN 0308-597X, https://doi.org/10.1016/j.marpol.2019.01.003.

8 해양 곤충의 세계

Andersen N., Cheng L., The marine insect Halobates (Heteroptera: Gerridae): Biology, adaptations, distribution,and phylogeny, 2004, Oceanography and Marine Biology: An Annual Review. 42. 119-180. 10.1201/9780203507810.ch5.

Mahadik G. A., Agusti S., Duarte C. M., Distribution and Characteristics of Halobates germanus Population inthe Red Sea, 2019, Frontiers in Marine Science 6, https://www.frontier-sin.org/article/10.3389/fmars.2019.00408 doi:10.3389/fmars.2019.00408

Foster William F., Zonation, behaviour and morphology of the intertidal coral-treader Hermatobates (Hemiptera: Herma-tobatidae) in the south-west Pacific, 1989, ZoologicalJournal of the Linnean Society, Volume 96, Issue 1, Pages 87–105, https://doi.org/10.1111/j.1096-3642.1989.tb01822.x

Polhemus J. T., Polhemus D. A., A Review of the Genus Hermatobates(Heteroptera: Hermatobatidae), with Descriptions of Two New Species, 2013, Entomologica Americana 118(1), 202-241, https://doi.org/10.1664/12-RA-018.1

Eichele G., Oster H., Chronobiologie: Das genetische, Forschungsbericht(importiert) 2007 – Max-Planck-Institutfür biophysikalische Chemie, https://www.mpibpc.mpg.de/327366/research_report_318255

Kaiser T. S., Neumann D., Heckel D. G., 2011, Timing the tides: Genetic control of diurnal and lunar emergence times is correlated in the marine midge Clunio marinus. BMCGenet 12, 49, https://doi.org/10.1186/1471-2156-12-49

Olander R., Palmen E., Taxonomy, Ecology and Behaviour of the Northern Baltic Clunio Marinus Halid. (Dipt., Chironomidae), 2020, Annales Zoologici Fennici, vol. 5, no. 1, 1968, pp. 97–10. JSTOR, www.jstor.org/stable/23731451

Qi X., Lin X.-L., Ekrem T., et al., A new surface gliding species of Chironomidae: An independent invasion of marine environments and its evolutionary implications, 2019 Zool Scr., 48: 81–92. https://doi.org/10.1111/zsc.12331

Ruxton G. D., Humphries S., Can ecological and evolutionary arguments solve the riddle of the missing marine insects?, 2008, Marine Ecology, 29: 72-75. doi:10.1111/j.1439-0485.2007.00217.x

Glenner H., Thomsen P. F., Hebsgaard M. B., Sørensen M. V.,Willerslev E., The Origin of Insects, 2006, Science: 1883-1884 DOI: 10.1126/science.1129844

Lozano-Fernandez J., Carton R., Tanner A. R., Puttick M. N.,et al., A molecular palaeobiological exploration of arthropod terrestrialization, 2016, Phil. Trans. R. Soc. B 371:20150133. http://dx.doi.org/10.1098/rstb.2015.0133

Luo J., Chen P., Wang Y., Xie Q., First record of Hermatobatida from China, with description of Hermatobates lingyangjiaoensis sp. n. (Hemiptera: Heteroptera), 2019, Zootaxa., 4679(3): zootaxa, 4679.3.6. DOI: 10.11646/zootaxa.4679.3.6.

9 물고기의 눈

Gegenfurtner K. R., Bloj M., Toscani M., The many colours of ›he dress‹ 2015, Current Biology, Volume 25, Issue 13, Pages R543–544, ISSN 0960-9822, http://www.sciencedirect.com/science/article/pii/S0960982215004947

Wallisch Pascal, Illumination assumptions account for individual differences in the perceptual interpretation of a profoundly ambiguous stimulus in the color domain:»The dress«, 2017, Journal of Vision, Vol.17, 5. Doi:https://doi.org/10.1167/17.4.5

Coren S., Girgus J. S., Seeing is Deceiving: The Psychology of Visual Illusions, Hillsdale, N. J.: Erlbaum, 1978. 25.

Marshall J., Carleton K. L., Cronin T., Colour vision in marine organisms, Current Opinion in Neurobiology, 2015,Volume

34, Pages 86-94, ISSN 0959-4388, https://doi.org/10.1016/j.conb.2015.02.002.

Balcombe Jonathan, What a Fish Knows: The Inner Lives of Our Underwater Cousins, 2016, SCIENTIFIC AMER, ISBN-13: 978-0374288211

Wehner R., Gehring W., Zoologie, Thieme; 23. Edition, 1995, ISBN 978-3-13-367423-2

Doherty, M. J., Campbell N. M., Tsuji H., Phillips W. A.,The Ebbinghaus illusion deceives adults but not young children, 2010, Developmental Science. 2010; 13(5):714 –721

Santaca M., Agrillo C., Perception of the Muller–yer illusionin guppies, 2020 Current Zoology, Volume 66, Issue 2, Pages 205–213, https://doi.org/10.1093/cz/zoz041

Agrillo C., Miletto Petrazzini M. E., Bisazza A., Numerical abilities in fish: a methodological review, 2017, Behav Proc 141:161–171 https://www.sciencedirect.com/science/article/abs/pii/S0376635717300487?via%3Dihub

Agrillo C., Parrish A. E., Beran M. J., How illusory is the solitaire illusion? Assessing the degree of misperception of numerosity in adult humans, 2016, Front Psych7:1663 https://www.frontiersin.org/articles/10.3389/fpsyg.2016.01663/full

Gomez-Laplazaa L. M., Diaz-Soteloa E. Gerlaib R., Quantity-discrimination in angelfish, Pterophyllum scalare: a novel approach with food as the discriminant, 2018, Animal Behaviour, Volume 142, Pages 19-30, ISSN 0003-3472, https://

doi.org/10.1016/j.anbehav.2018.06.001

Henrich J., Heine S. J., Norenzayan A., The Weirdest People in the World?, 2010, RatSWD Working Paper No. 139, http://dx.doi.org/10.2139/ssrn.1601785

Eagleman David M., Visual illusions and neurobiology, 2001, Nat Rev Neurosci 2, 920–926, https://doi.org/10.1038/35104092

Bshary R., Wickler W., Fricke H. Fish cognition: a primate'seye, 2002, view. Anim.Cogn. 5, 1–13, 2002, https://doi.org/10.1007/s10071-001-0116-5

10 바이러스의 모든 것

Machery Edouard, Why I stopped worrying about the definition of life … and why you should as well, 2012, Synthese 185, 145–164, https://doi.org/10.1007/s11229-011-9880-1

Breitbart M., Thompson L. R., Suttle C. A., Sullivan M. B., Exploring the Vast Diversity of Marine Viruses, 2007, Oceanography 20, no.: 135-39. http://www.jstor.org/stable/24860053.

Weitz J. S., Wilhelm S. W., Ocean viruses and their effects onmicrobial communities and biogeochemical cycles, 2012, F1000 biology reports, 4, 17, https://doi.org/10.3410/B4-17

Sandaa Ruth-Anne, Burden or benefit? Virus-host interactions in the marine environment, 2008, Research inmicrobiology vol. 159, 5: 374-81. doi: 10.1016/j.resmic.2008.04.013

Lara E., Vaque D., Sa E. L., Boras J. A., Gomes A., Borrull E., Diez-Vives C., et al., Unveiling the Role and Life Strategies of Viruses from the Surface to the Dark Ocean, 2017 Sci. Adv., 3 (9), e1602565. https://doi.org/10.1126/sciadv.1602565.

Giovannoni, Stephen J., 2017. SAR11 Bacteria: The Most Abundant Plankton in the Oceans. Annu. Rev. Mar. Sci. 9, 231–255. doi:10.1146/annurev-marine-010814-015934

Kirchman David. L., 2020, A marine virus as foe and friend. Nat Microbiol 5, 982–983. https://doi.org/10.1038/s41564-020-0764-3

Massive marine die-off in Russia could threaten endangered sea otters, other vulnerable species, https://www.nationalgeographic.com/animals/2020/10/algae-bloom-kills-marine-life-kamchatka-peninsula/(Stand Oct 24, 2020).

Husnik F., McCutcheon J., Functional horizontal gene transfer from bacteria to eukaryotes, 2018, Nat Rev Microbiol 16, 67–79 https://doi.org/10.1038/nrmicro.2017.137

Needham D. M., Yoshizawa S., Hosaka T., Poirier C., Choi C.J., Hehenberger E., et al., A Distinct Lineage of Giant Viruses Brings a Rhodopsin Photosystem to Unicellular Marine Predators, 2019, Proc. Natl. Acad. Sci., 116 (41), 20574. https://doi.org/10.1073/pnas.1907517116.

Rohwer F., Thurber R. V., Viruses manipulate the marineenvironment, 2009, Nature, 459(7244), 207–212. https://doi.org/10.1038/nature08060

Maeda T., Takahashi S., Yoshida T., Shimamura S., Takaki, Y., Nagai Y., Toyoda A., et al., Chloroplast Acquisition without the Gene Transfer in Kleptoplastic Sea Slugs, Plakobranchus Ocellatus, 2020, bioRxiv 2020.06.16.155838. https://doi.org/10.1101/2020.06.16.155838.

Van Steenkiste N. W. L., Stephenson I., Herranz M., Husnik F., Keeling P. J., Leander B. S., A New Case of Kleptoplasty in Animals: Marine Flatworms Steal Functional Plastids from Diatoms, 2019, Sci. Adv., 5 (7), eaaw4337 https://doi.org/10.1126/sciadv.aaw4337

Travis John, Making the cut, 2015, Science 350 (6267), 1456-1457, DOI: 10.1126/science.350.6267.1456

Cohen John, CRISPR, the revolutionary genetic ›cissors‹ honored by Chemistry Nobel, 2020, https://www.sciencemag.org/news/2020/10/crispr-revolutionary-geneticscissors-honored-chemistry-nobel (Stand Okt. 24, 2020).

Brandes N., Linial M., Giant Viruses-Big Surprises, 2019, Viruses, 11(5), 404. https://doi.org/10.3390/v11050404

Bekliz M., Colson P., La Scola B., The Expanding Family of Virophages, 2016, Viruses, 8(11), 317. https://doi.org/10.3390/v8110317

Welsh J. E., Steenhuis P., de Moraes K. R. et al., Marine virus predation by non-host organisms, 2020, Sci Rep 10, 5221, https://doi.org/10.1038/s41598-020-61691-y

Sipkema D., Franssen M. C., Osinga R., Tramper J., Wijffels R. H. Marine sponges as pharmacy., 2005, Marine biotechnology (New York, N.Y.), 7(3), 142–162, https://doi.org/10.1007/

s10126-004-0405-5

Seley-Radtke, K. L., Yates, M. K., The evolution of nucleoside analogue antivirals: A review for chemists and nonchemists. Part 1: Early structural modifications to the nucleoside scaffold, 2018, Antiviral research, 154, 66–86, https://doi.org/10.1016/j.antiviral.2018.04.004

Randazzo W., Sanchez, G, Hepatitis A infections from food, 2020, J. Appl. Microbiol., 129: 1120-1132. doi:10.1111/jam.14727

Yau S., Seth-Pasricha M, Viruses of Polar Aquatic Environments, 2019, Viruses, 11(2), 189. https://doi.org/10.3390/v11020189

Gregory, A. C., Zayed, A. A., Conceicao-Neto, N., Temperton, B., Bolduc, B., et al., Marine DNA Viral Macro-and Microdiversity from Pole to Pole, 2019, Cell 177, 1109-1123.e14. https://doi.org/10.1016/j.cell.2019.03.040

Zhang R., Li Y., Yan W. et al., Viral control of biomass and diversity of bacterioplankton in the deep sea, 2020, Commun Biol 3, 256, https://doi.org/10.1038/s42003-020-0974-5

나오는 말

Australian scientists discover 500 meter tall coral reef in the great barrier reef–first to be discovered in over 120 years, Schmidt Ocean Institute, Press release/October 26, 2020. https://schmidtocean.org/australian-scientists-discover-500-meter-tall-coral-reef-in-the-great-barrier-reef-firstto-be-discovered-in-over-120-years/

Corriero G., Pierri C., Mercurio M. et al. A Mediterranean meso-
photic coral reef built by non-symbiotic scleractinians, 2019
Sci Rep 9, 3601, https://doi.org/10.1038/s41598-019-40284-4

Yahalomi D., Atkinson S. D., Neuhof M., Chang, E. S., Philippe, H.,
et al., A cnidarian parasite of salmon (Myxozoa:Henneguya)
lacks a mitochondrial genome, 2020, Proc. Natl. Acad. Sci.
117, 5358. https://doi.org/10.1073/pnas.1909907117

Starr Michelle, Scientists Find The First-Ever Animal That Doesn't
Need Oxygen to Survive, 2020, Science Alert, https://www.
sciencealert.com/this-is-the-first-knownanimal-that-doesn-t-
need-oxygen-to-survive (Besuchtam 4.11.2020)

Davis, A. L., Thomas, K. N., Goetz, F. E., Robison, B. H., Johnsen,
S., Osborn, K. J., Ultra-black Camouflage in Deep-SeaFishes,
2020, Curr. Biol. 30, 3470-3476.e3, https://doi.org/10.1016/
j.cub.2020.06.044

Jennifer Chu, MIT engineers develop »blackest black« material to
date, 2019, MIT News Office, https://news.mit.edu/2019/
blackest-black-materialcnt-0913

Cui K., Wardle B. L., Breakdown of Native Oxide Enables Multi-
functional, Free-Form Carbon Nanotube–Metal Hierarchical
Architectures. ACS Applied Materials & Interfaces, 2019;
DOI: 10.1021/acsami.9b08290

United Nations Decade of Ocean Science for Sustainable Develop-
ment 2021/2030 https://www.oceandecade.org/

Transformations for a Sustainable Ocean Economy A Vision for

Protection, Production and Prosperity, The Ocean Panel, https://oceanpanel.org/

Report of the Mission Board on Healthy Oceans, Seas, Coastal and Inland Waters, Mission Starfish 2030: restore our ocean and waters, 2020, P.O. of the E.U., http://op.europa.eu/de/publication-detail/-/publication/672ddc53-fc85-11ea-b44f-01aa75ed71a1 DOI: 10.2777/70828

Zhao Q., Stephenson F., Lundquist C., Kaschner K., JayathilakeD., Costello M. J., Where Marine Protected Areaswould best represent 30% of ocean biodiversity, 2020 Biol. Conserv. 244, 108536. https://doi.org/10.1016/j.biocon.2020.108536

Weimerskirch H., Collet J., Corbeau A., Pajot A., Hoarau F., Marteau C., Filippi D., Patrick S. C., Ocean sentinel albatrosses locate illegal vessels and provide the firstestimate of the extent of nondeclared fishing, 2020 Proc. Natl. Acad. Sci. 117, 3006, https://doi.org/10.1073/pnas.1915499117

Pheasey H., Roberts D. L., Rojas-Canizales D., Mejias-BalsalobreC., Griffiths R. A., Williams-Guillen K., UsingGPS-enabled decoy turtle eggs to track illegal trade, 2020 Curr. Biol. 30, R1066–1068, https://doi.org/10.1016/j.cub.2020.08.065

Safi Michael, Mumbai beach goes from dump to turtle hatchery in two years, 2018, The Guardian, https://www.theguardian.com/world/2018/mar/30/mumbai-beachgoes-from-dump-to-turtle-hatchery-in-two-years

Earp H. S., Liconti A., Science for the Future: The Use of Citizen

Science in Marine Research and Conservation 2020 In: Jung-
blut S., Liebich V., Bode-Dalby M. (eds)YOUMARES 9 – The
Oceans: Our Research, Our Future.Springer, Cham. https://
doi.org/10.1007/978-3-030-20389-4_1

옮긴이 **오공훈**

한국외국어대학교 독일어과를 졸업했다. 문화 평론가와 외서 출판 기획자를 거쳐 현재는 전문 번역가로 활동하고 있다. 옮긴 책으로 《내 안의 그림자 아이》, 《머리를 비우는 뇌과학》, 《보헤미아의 우편배달부》, 《포퓰리즘의 세계화》, 《여름으로 가는 문》, 《손의 비밀》, 《뇌는 탄력적이다》, 《정상과 비정상의 과학》, 《아돌프 로스의 건축예술》 등이 있다.

상어가 빛날 때

푸른 행성의 수면 아래에서 만난 경이로운 지적 발견의 세계

첫판 1쇄 펴낸날 2022년 11월 10일
       2쇄 펴낸날 2023년 12월 22일

지은이 율리아 슈네처
옮긴이 오공훈
발행인 김혜경
편집인 김수진
책임편집 곽세라
편집기획 김교석 조한나 유승연 문해림 김유진 전하연 박혜인 조정현
디자인 한승연 성윤정
경영지원국 안정숙
마케팅 문창운 백윤진 박희원
회계 임옥희 양여진 김주연

펴낸곳 (주)도서출판 푸른숲
출판등록 2003년 12월 17일 제2003-000032호
주소 서울특별시 마포구 토정로 35-1 2층, 우편번호 04083
전화 02)6392-7871, 2(마케팅부), 02)6392-7873(편집부)
팩스 02)6392-7875
홈페이지 www.prunsoop.co.kr
페이스북 www.facebook.com/prunsoop   **인스타그램** @prunsoop

ⓒ푸른숲, 2023
ISBN 979-11-5675-440-4 (03490)